◆◆◆ 全国建设行业中等职业教育推荐教材 ◆◆◆

住房和城乡建设部中等职业教育市政工程

施工与给水排水专业指导委员会规划推荐教材

工程力学与结构

（市政工程施工专业）

任燕娟 主 编

宋贵彩 王利艳 副主编

殷凡勤 主 审

中国建筑工业出版社

图书在版编目（CIP）数据

工程力学与结构/任燕娟主编. —北京：中国建筑工业出版社，2015.9（2022.8重印）
全国建设行业中等职业教育推荐教材. 住房和城乡建设部中等职业教育市政工程施工与给水排水专业指导委员会规划推荐教材（市政工程施工专业）
ISBN 978-7-112-18353-1

Ⅰ.①工… Ⅱ.①任… Ⅲ.①工程力学-中等专业学校-教材②工程结构-中等专业学校-教材 Ⅳ.①TB12②TU3

中国版本图书馆CIP数据核字（2015）第183988号

本书根据教育部2014年7月颁布的《中等职业学校市政工程施工专业教学标准（试行）》编写。本书共分为7个项目，主要内容包括：受力分析，计算平面力系的平衡问题，计算轴向拉伸与压缩杆件截面内力，计算单跨静定梁截面内力，认识静定平面杆系结构，计算钢筋混凝土受弯构件承载力，计算钢筋混凝土受压构件承载力等。

本书可作为中等职业教育市政工程施工专业教材，也可供从事市政工程及相关专业技术人员学习参考。

为了更好地支持本课程教学，本书作者制作了精美的教学课件，有需求的读者可以发送邮件至：2917266507@qq.com免费索取。

责任编辑：陈 桦 聂 伟
责任校对：李美娜 赵 颖

全国建设行业中等职业教育推荐教材
住房和城乡建设部中等职业教育市政工程施工与给水排水专业指导委员会规划推荐教材

工程力学与结构

（市政工程施工专业）

任燕娟 主 编
宋贵彩 王利艳 副主编
殷凡勤 主 审

*

中国建筑工业出版社出版、发行（北京西郊百万庄）
各地新华书店、建筑书店经销
北京科地亚盟排版公司制版
北京建筑工业印刷厂印刷

*

开本：787×1092毫米 1/16 印张：8½ 字数：192千字
2015年12月第一版 2022年8月第三次印刷
定价：**18.00**元（赠课件）
ISBN 978-7-112-18353-1
(27608)

本系列教材编委会

序言

住房和城乡建设部中等职业教育专业指导委员会是在全国住房和城乡建设职业教育教学指导委员会、住房和城乡建设部人事司的领导下，指导住房城乡建设类中等职业教育（包括普通中专、成人中专、职业高中、技工学校等）的专业建设和人才培养的专家机构。其主要任务是：研究建设类中等职业教育的专业发展方向、专业设置和教育教学改革；组织制定并及时修订专业培养目标、专业教育标准、专业培养方案、技能培养方案，组织编制有关课程和教学环节的教学大纲；研究制订教材建设规划，组织教材编写和评选工作，开展教材的评价和评优工作；研究制订专业教育评估标准、专业教育评估程序与办法，协调、配合专业教育评估工作的开展等。

本套教材是由住房和城乡建设部中等职业教育市政工程施工与给水排水专业指导委员会（以下简称专指委）组织编写的。该套教材是根据教育部 2014 年 7 月公布的《中等职业学校市政工程施工专业教学标准（试行）》、《中等职业学校给排水工程施工与运行专业教学标准（试行）》编写的。专指委的委员专家参与了专业教学标准和课程标准的制订，并将教学改革的理念融入教材的编写，使本套教材能体现最新的教学标准和课程标准的精神。目前中等职业教育教材建设中存在教材形式相对单一、教材结构相对滞后、教材内容以知识传授为主、教材主要由理论课教师编写等问题。为了更好地适应现代中等职业教育的需要，本套教材在编写中体现了以下特点：第一，体现终身教育的理念；第二，适应市场的变化；第三，专业教材要实现理实一体化；第四，要以项目教学和就业为导向。此外，教材中采用了最新的规范、标准、规程，体现了先进性、通用性、实用性。

本套系列教材凝聚了全国中等职业教育“市政工程施工专业”和“给排水工程施工与运行专业”教师的智慧和心血。在此，向全体主编、参编、主审致以衷心的感谢。

教学改革是一个不断深化的过程，教材建设是一个不断推陈出新的过程，需要在教学实践中不断完善，希望本套教材能对进一步开展中等职业教育的教学改革发挥积极的推动作用。

住房和城乡建设部中等职业教育市政工程施工与给水排水专业指导委员会

2015 年 10 月

前言 Preface

中等职业教育市政工程施工专业的培养目标是面向市政工程施工企业，培养具备市政工程一线施工与管理基本能力的高素质劳动者和技能型人才。《工程力学与结构》是中等职业教育市政工程施工专业的专业核心课程。通过本课程的学习，能应用力学与结构原理分析简单构件的受力状态，具有初步识别市政工程结构受力特点的能力，为后续专业方向技能课程学习打下基础。

本书紧紧围绕教育部2014年7月颁布的《中等职业学校市政工程施工专业教学标准（试行）》，衔接行业标准、职业资格标准，结合市政工程施工一线生产过程和典型工作任务，合理设置教学内容，构建以培养学生职业能力为主线的课程体系，强化专业课程的实践性和职业性。依据岗位能力需求，按照“必须够用”原则，构建项目和学习任务，按照项目教学法思路组织编写教材。其中拓展知识部分用*标识，为选修内容。

参与本书编写的有河南建筑职业技术学院（河南省建筑工程学校）的任燕娟、宋贵彩、王利艳、董会丽、李静。具体分工如下：任燕娟编写项目1、项目5；王利艳编写项目2、项目3；董会丽编写项目4；宋贵彩编写项目6；李静编写项目7。本书由任燕娟任主编，宋贵彩、王利艳任副主编。

全书由河南建筑职业技术学院（河南省建筑工程学校）殷凡勤主审，他对本书内容的正确性、合理性、实用性做了全面审定，在此深表感谢！在此还要感谢对本书编写给予大力支持与帮助的老师和同行们。

由于编者水平有限，书中的错误在所难免，敬请广大读者批评指正。

编者

2015年5月

目录
Contents

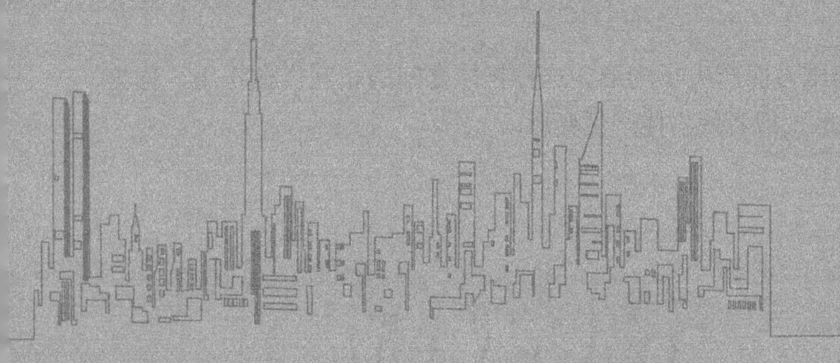

项目 1
受力分析

【项目概述】

道路、桥梁工程中有大量的建筑物，如桥梁、涵洞、隧道等，它们都是由很多构件（梁、墩、柱、基础、桁架等）相互支承、相互作用组成的，构件都承受着各种力的作用，有的力会使物体产生运动和变形，有的力则限制它们的运动和变形。工程中力无处不在，工程技术人员要分析和解决工程中的力学问题，首先必须熟悉力的基本性质，并熟练掌握分析物体受力情况的基本方法。

【项目目标】

通过学习，你将：

✓ 会用图形正确表示力；

✓ 会应用静力学公理和约束的特点分析物体受力；

✓ 能绘制物体的受力图。

任务 1.1　认识力

【任务描述】

物体之间的相互作用都是通过“力”来实现的，“力”是一个物理量。本任务是认识“力”，掌握力对物体的作用效果，力的表示方法和单位。

【任务实施】

1. 力的概念

日常生活中，我们经常看到这样的现象：用手推小车（图 1-1*a*），车由静止开始运动，这是由于手对车施加了推力，使车的运动状态发生了变化；用手按压弹簧（图 1-1*b*），弹簧会发生变形，这是由于弹簧受到压力而产生了变形。这种物体之间的相互机械作用，称为力，力可以使物体运动状态发生改变或者使物体产生变形。

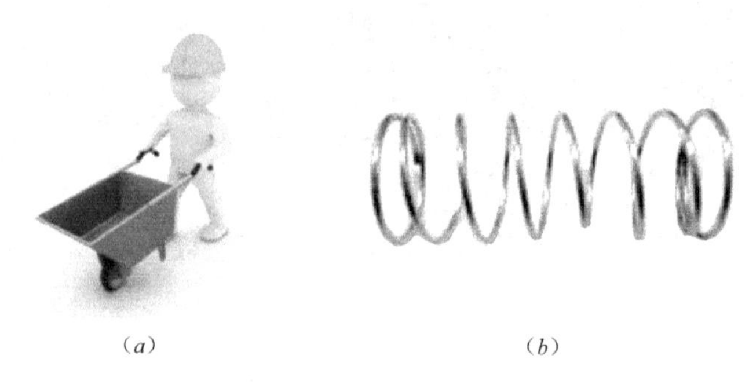

（*a*）　　（*b*）

图 1-1　物体之间的相互作用

（*a*）手推小车；（*b*）弹簧

物体的运动状态发生变化是指物体运动速度或者运动方向的变化，例如：踢足球时，足球由静止变为运动。物体产生变形是指物体的形状或者大小发生变化，例如：按压弹簧时产生缩短变形等。

在工程力学中，力的作用方式一般有两种：一种是两个物体相互接触，它们之间产生压力或者拉力，例如：桥面板对桥墩的压力，吊车起吊重物时吊车对重物的拉力等；另一种是地球对物体的吸引力，即通常所说的重力。

2. 力的三要素

由实践可知，力对物体的作用效果由以下三个要素决定：力的大小，力的方向，力的作用点。

力的大小表示物体间相互作用的强弱程度；力的大小可以用测力器测定。在国际单位制中，力的度量单位是牛顿（N）和千牛顿（kN），其换算关系是 1kN=1000N。

力的方向表示物体间的相互作用具有方向性，是指力的指向。

力的作用点表示力在物体上的作用位置，即物体间的接触位置。

力的三个要素中任何一个要素改变，其对物体的作用效果也会随之改变。例如，两手向相反方向同时按压弹簧，弹簧将发生缩短变形，但是如果两手向相反方向同时拉弹簧，弹簧将发生伸长变形。

因此，要准确地表达一个力，必须将力的大小、方向、作用点全部表示出来。

3. 力的表示方法

力是一个有大小和方向的量，所以力是矢量。通常用一个带箭头的有向线段来表示力，其中线段的长度按一定的比例表示力的大小，线段与水平线的夹角表示力的方位，箭头表示力的指向，有向线段的起点或终点表示力的作用点。力矢量所在的直线称为力的作用线。如图 1-2 所示，按比例量出力 $\boldsymbol{F}$ 的大小是 30kN，力的方向与水平线呈 30°角，指向右上方，作用在物体上的 A 点。

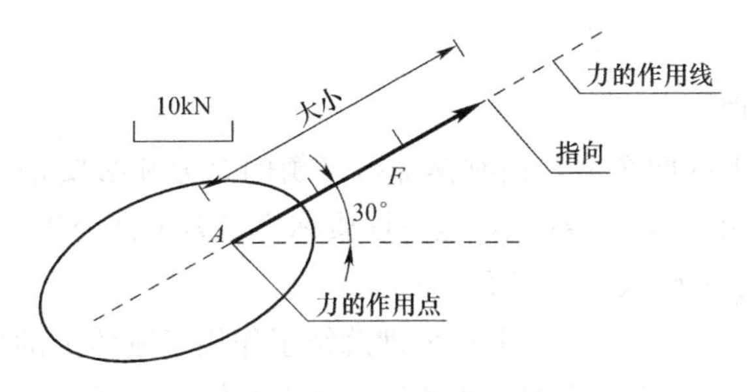

图 1-2　力的表示方法

【提醒】

（1）力的作用是相互的。

（2）力对物体有两种作用效果：运动效果和变形效果。运动效果是物体的运动状态发生改变，变形效果是物体产生变形。

【任务布置】

1. 力作用在物体上会使物体产生什么效果？

2. 力对物体的作用效果与哪些因素有关？

3. 请伸出双手用力击掌，体验力的大小与作用效果之间的关系。

任务 1.2　学习静力学公理

【任务描述】

静力学公理是人们在长期的生产和生活实践中，逐步认识和总结出来的力的普遍规律。它阐述了力的基本性质，是静力学的基础理论，也是研究力系平衡的基础。本任务是理解静力学公理，并能正确复述。

【任务实施】

1. 平衡的概念

平衡，是指物体相对于地球保持静止或匀速直线运动的状态。例如，静止的房屋和桥梁，匀速直线运动的升降机等，它们相对于地球都处于平衡状态。需要注意，运动是绝对的，平衡只是暂时的或相对的，平衡是物体运动的一种特殊形式。

工程中，一个物体总是同时受多个力的作用。同时作用在一个物体上的一群力称为力系，使物体保持平衡的力系，称为平衡力系。要使物体保持平衡状态，作用在其上的力必须满足一定的条件，这种条件称为力系的平衡条件。

在研究物体的平衡问题时，通常忽略物体受力之后产生的变形，而认为物体不发生变形，这种忽略不会影响计算结果的精确性。在力的作用下形状、大小保持不变的物体称为刚体，它是一种假想的力学模型。

2. 静力学公理

(1) 二力平衡公理

作用于同一刚体上的两个力，使刚体保持平衡的充分和必要条件是：这两个力大小相等、方向相反且作用于同一直线上，这一性质称为二力平衡公理。根据这一公理可知，图 1-3 中若该刚体处于平衡状态，则 $F_1=F_2$。

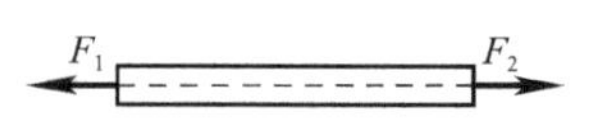

图 1-3　二力平衡

二力平衡公理总结了作用于刚体上的最简单的力系平衡时所必须满足的条件。对于刚体这个条件是既必要又充分的；但对于变形体，这个条件仅为必要条件。例如：软绳受两个等值反向的拉力作用可以平衡，而受两个等值反向的压力作用就不能平衡。

工程结构中，只受两个力作用而平衡的杆件，称为二力构件或二力杆。如图 1-4 (*a*)、(*b*) 所示的物体，只受两个力作用处于平衡状态，则这二力必等值、反向、共线。值得注意的是，二力杆可以是直杆，也可以是曲杆。

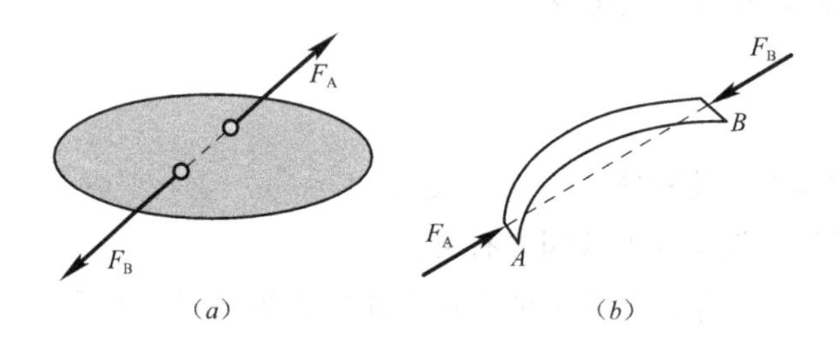

图 1-4　二力构件

【提醒】 只有当力作用在不考虑变形的物体（即刚体）上时，二力平衡公理才成立。

(2) 加减平衡力系公理

在作用于刚体上的任意力系中，加上或减去任意一个平衡力系，不会改变原力系对刚体的作用效应，这一性质称为加减平衡力系公理。因为平衡力系不会改变刚体的运动状态，所以在刚体的原力系中加上或者去掉一个平衡力系，对物体的作用效应没有影响。

应用这个公理可以推出力的可传性原理：作用于刚体上的力，可沿其作用线平移而不会改变其对刚体的作用效应。力的可传性原理早已被实践所证实。如图 1-5 (*a*) 所示，推力 **F** 作用于小车的 *A* 点，与图 1-5 (*b*) 中用大小、方向均相同的拉力 **F** 作用于 *B* 点（*A*、*B* 两点在同一直线上）产生的运动效果是相同的。

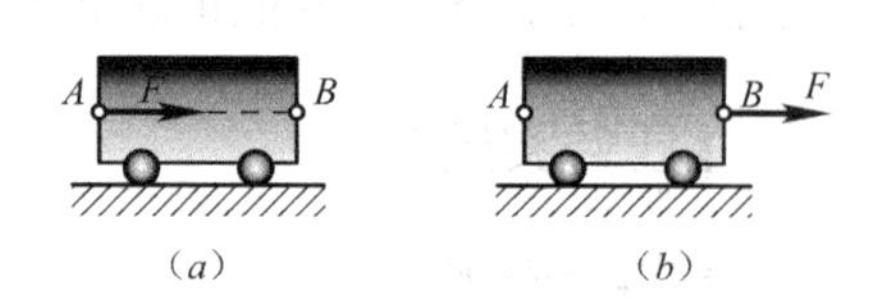

图 1-5　力的可传性

【提醒】 力的可传性原理只适用于刚体。

(3) 作用力与反作用力公理

两物体间相互作用产生的力为作用力和反作用力，它们总是同时存在，且两力等值、反向、共线，分别作用于这两个物体上（图 1-6），这一性质称为作用力与反作用力公理。

这个公理概括了物体间相互作用的关系，这个公理表明力总是成对出现的，有作用力就有反作用力，已知作用力就可知反作用力。这个公理是分析物体系统受力情况时必

须遵循的原则。

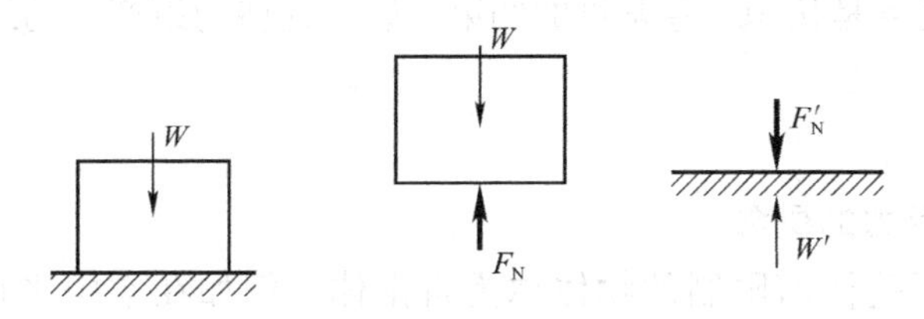

图 1-6　作用力与反作用力

【提醒】 作用力与反作用力的关系和二力平衡公理有本质区别：作用力与反作用力是分别作用在两个不同的物体上；而二力平衡公理中的两个力则是作用在同一个物体上，它们是平衡力。

（4）平行四边形法则

作用于物体同一点上的两个力，可以合成为一个合力，合力也作用在该点，合力的大小和方向由以这两个力为邻边所构成的平行四边形的对角线来确定。这一性质称为平行四边形法则。如图 1-7 所示，作用在 O 点的两个力 $\boldsymbol{F}_1$ 和 $\boldsymbol{F}_2$，它们的合力就是以这两个力为邻边所构成的平行四边形的对角线 $\boldsymbol{F}_R$。

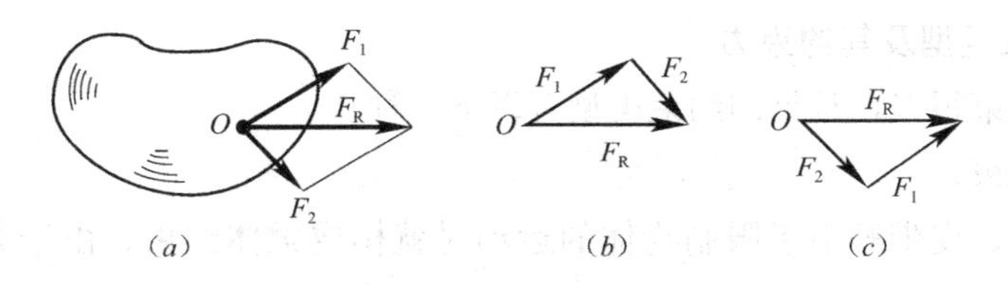

图 1-7　平行四边形法则

力的平行四边形法则也可简化为力的三角形法则。当确定两个共点力合力的大小、方向时，任选一点将这两个力矢首尾相接，则合力矢就是从第一个力的起点指到第二个力的终点，如图 1-7（b）、（c）所示。

【任务布置】

1. 什么是平衡？请举例说明。
2. 什么是刚体？
3. 二力构件有什么特点？
4. 用平行四边形法则或者三角形法则求任意两个共点力的合力。

任务 1.3　认识约束与约束反力

【任务描述】

日常生活中我们看到：绳索悬挂的灯、支承在桥墩或桥台上的梁在地球引力的作用下都不掉下来，这是为什么呢？因为灯、梁的运动受到周围物体（绳索、桥墩或桥台）

的限制，这种限制物体运动的装置在力学中称为约束，约束对被约束物体产生的作用力称为约束反力。本任务是认识一些常见的约束，以及这些约束产生的约束反力的特点。

【任务实施】

1. 约束与约束反力的概念

在空间中运动不受任何限制的物体称为自由体，例如在空中飞行的飞机、火箭等。在空间的运动受到某些限制的物体称为非自由体。工程中，多数构件都和周围的其他构件相互联系着，它们的运动都受到一定的限制，例如：柱子受到基础的限制，桥梁受到桥墩的限制等。这种限制非自由体运动的周围物体，工程上称为约束。前文中提到的基础是柱子的约束，桥墩是桥梁的约束。

约束限制物体的运动，是通过对被限制物体施加力而实现的，工程上把约束施加在被约束物体上的力称为约束力或约束反力。约束反力的作用点，总是在约束与被约束物体的接触处；约束反力的方向总是与约束所能限制的物体运动或运动趋势方向相反。

与约束反力对应，能主动使物体产生运动趋势的力称为主动力，如重力、风力、土压力等。主动力在工程上称为荷载。物体所受的主动力是已知的，约束反力是未知的，正确分析约束反力是对物体进行受力分析的关键。

2. 常见约束类型及其约束力

工程中的约束很多，常见的约束类型有以下几种。

（1）柔体约束

绳索、链条、皮带等用于限制物体的运动时就构成柔体约束。由于柔体只能承受拉力，而不能承受压力，所以它们只能限制物体沿着柔体伸长方向的运动。因此，柔体约束对物体的约束力是通过接触点，沿柔体中心线背离受力物体，为拉力，一般用字母 $\boldsymbol{F}_{\mathrm{T}}$ 表示，如图 1-8 所示。

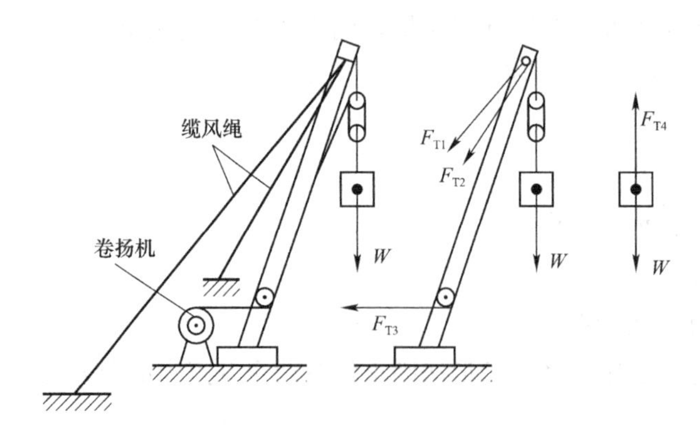

图 1-8　柔体约束

（2）光滑接触面约束

当物体在接触处的摩擦力很小，可以忽略不计时，它所受的约束就是光滑接触面约束。这种约束只能限制物体沿着接触面的公法线指向接触面的运动，而不能限制物体沿着接触面的公切线做离开接触面的运动。因此，光滑接触面约束的约束反力是通过接触

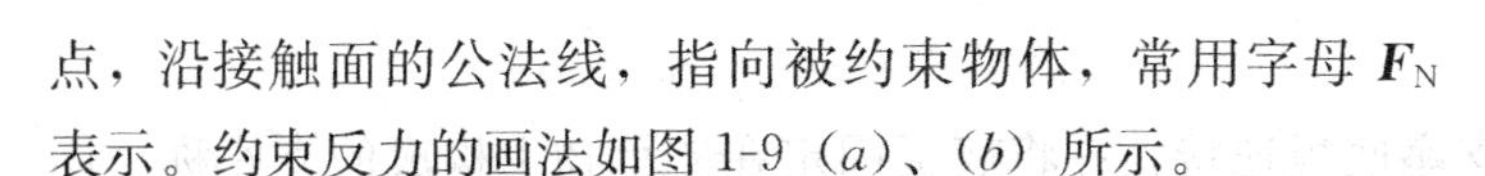

点，沿接触面的公法线，指向被约束物体，常用字母 $\boldsymbol{F}_{\mathrm{N}}$ 表示。约束反力的画法如图 1-9（*a*）、（*b*）所示。

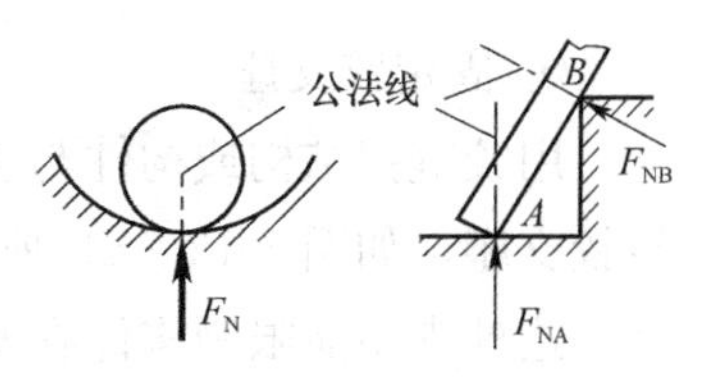

图 1-9 光滑接触面约束

（3）光滑圆柱铰链约束

光滑圆柱铰链简称铰链，是由一个圆柱形销钉插入两个物体的圆孔中构成，且认为销钉和圆孔的表面都是光滑的，常见的铰链实例如门窗用的合页。圆柱铰链的简图如图 1-10（*a*）、（*b*）所示。销钉只能限制物体在垂直于销钉轴线平面内任意方向的相对移动，而不能限制物体绕销钉轴线转动。当物体相对于另一物体有运动趋势时，销钉与圆孔壁将在某点接触，约束反力作用在接触点通过销钉中心，由于接触点的位置一般不能预先确定，所以，铰链的约束反力是垂直于销钉轴线并通过销钉中心，而方向待定，可用一个大小和方向都是未知的力 $\boldsymbol{F}$ 来表示，也可以用一对正交分解的分力 $\boldsymbol{F}_{\mathrm{x}}$ 和 $\boldsymbol{F}_{\mathrm{y}}$ 来表示（指向假设）。简图和约束反力的画法如图 1-10（*c*）、（*d*）所示。

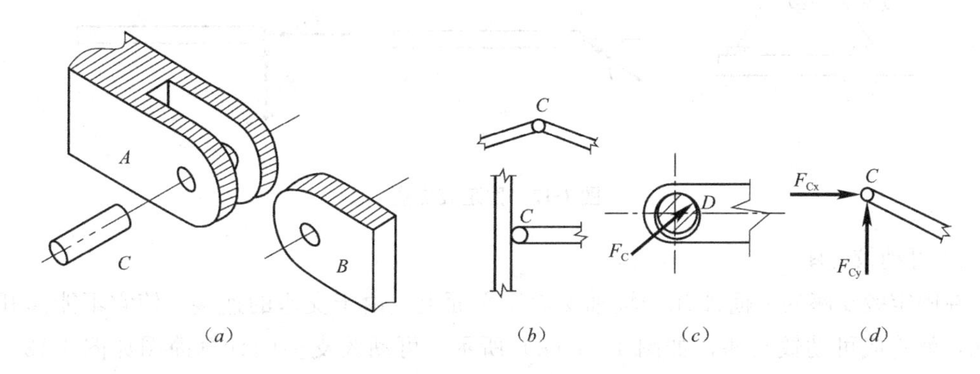

图 1-10 光滑圆柱铰链约束

（4）链杆约束

两端用光滑销钉与其他物体连接而中间不受力的直杆称为链杆，如图 1-11（*a*）中的 *CD* 杆。链杆只在两端各有一个力作用而处于平衡状态，故链杆是二力杆。链杆约束只能阻止物体沿着杆两端铰心连线方向运动，不能阻止其他方向的运动。所以链杆的约束反力方向沿着链杆两端铰心连线，指向未定。

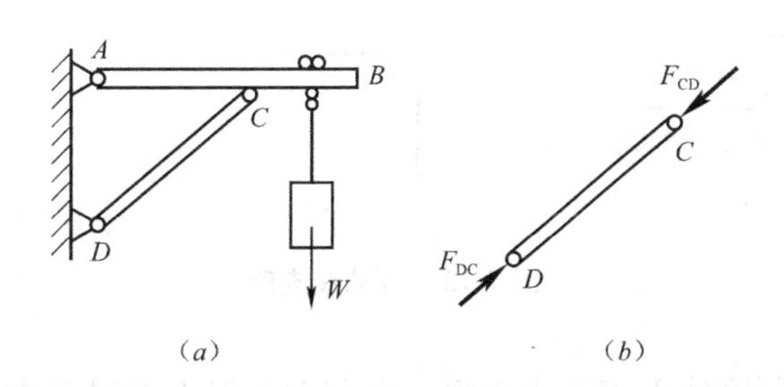

图 1-11 链杆约束

（5）三种支座

工程上把构件连接在墙、柱、基础等支承物上的装置称为支座，它的作用是把结构或构件固定在支承物上，同时把所受的荷载通过支座传递给支承物。常见的支座有以下三种。

① 固定铰支座

用铰链把结构或构件与支座底板连接，并将底板固定在支承物上构成的支座称为固定铰支座，如图 1-12（*a*）所示。固定铰支座的计算简图如图 1-12（*b*）或图 1-12（*c*）所示。这种支座能限制构件在垂直于销钉平面内任意方向的移动，而不能限制构件绕销钉的转动。可见固定铰支座的约束性能与圆柱铰链相同，固定铰支座对构件的支座反力通过铰链中心，而方向不定，如图 1-12（*d*）所示。通常用一对正交分解的分力 F_x 和 F_y 来表示，指向假设，如图 1-12（*e*）所示。

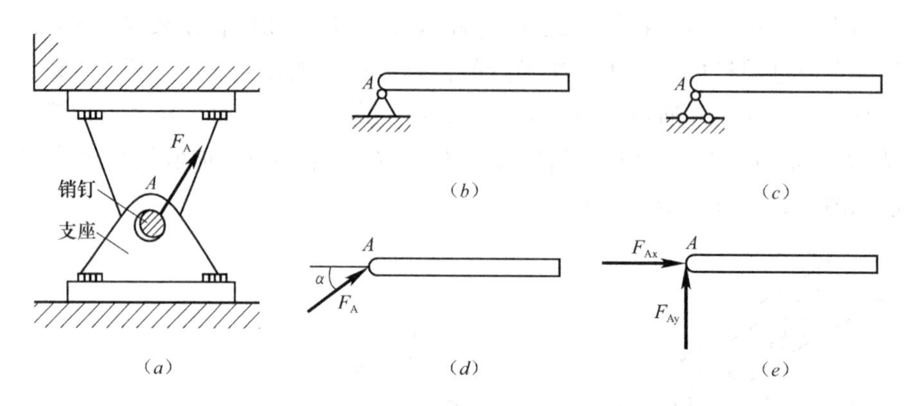

图 1-12　固定铰支座

② 可动铰支座

在固定铰支座的下面加几个辊轴支承于平面上，由于支座的连接，使它不能离开支承面，就构成可动铰支座，如图 1-13（*a*）所示。可动铰支座的计算简图如图 1-13（*b*）或图 1-13（*c*）所示。

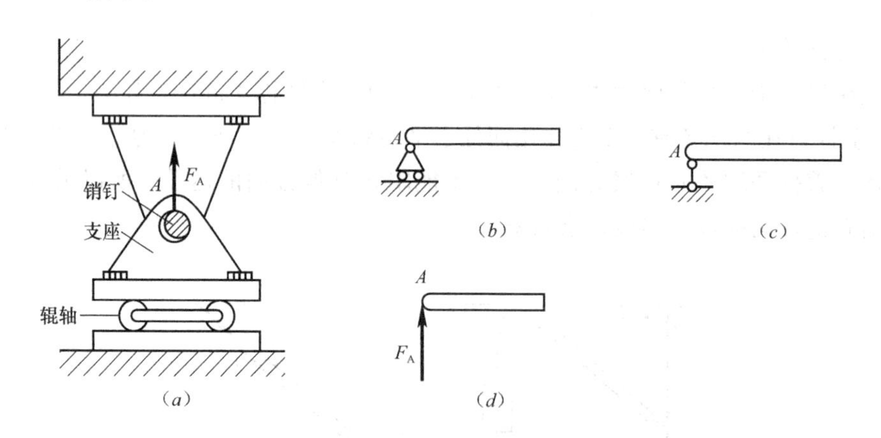

图 1-13　可动铰支座

这种支座只能限制物体垂直于支承面方向移动，但不能限制物体沿支承面切线方向运动，也不能限制物体绕销钉转动。所以，可动铰支座的支座反力通过销钉中心，垂直于支承面，但指向未定，如图 1-13（*d*）所示。

在桥梁工程中，如钢筋混凝土 *T* 梁通过混凝土垫块搁置在桥墩上，如图 1-14（*a*）所示，就可将此处简化为可动铰支座，如图 1-14（*b*）所示。

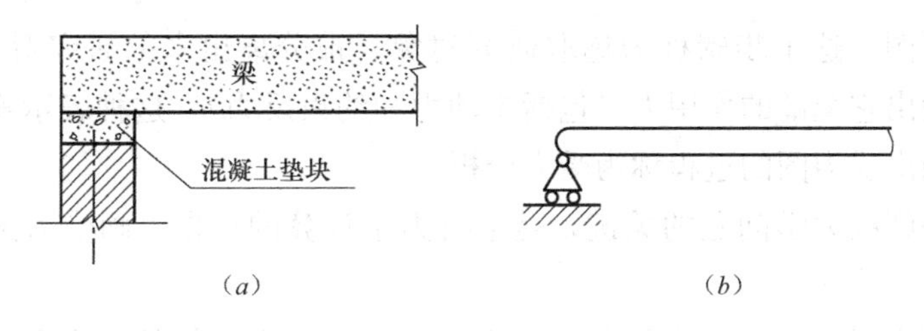

图 1-14 支座简化

③ 固定端支座

日常生活和工程实际中常需要将一个物体牢固地嵌在地基、墙或其他固定不动的另一物体内，使之既不能移动，也不能转动，这种约束称为固定端支座。例如，房屋建筑中的阳台挑梁，如图 1-15（*a*）所示，它的一端嵌固在墙壁内或与墙壁、屋内梁一次性浇筑。因此，固定端支座的约束反力是一个方向待定的未知力和一个转向待定的未知力偶，方向待定的未知力通常用水平和竖直的两个正交分力 F_x、F_y 来表示，其计算简图和受力分析如图 1-15（*b*）所示。

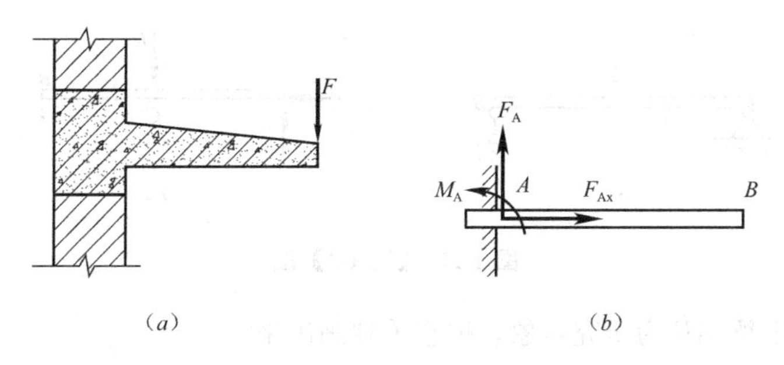

图 1-15 固定端支座

【任务布置】

1. 什么是约束和约束反力？
2. 什么是链杆约束？有什么特点？
3. 固定铰支座和可动铰支座有什么区别？

任务 1.4 画受力图

【任务描述】

在实际工程中，通常是几个物体或构件相互联系，形成一个系统。例如桥梁支承在桥墩上，桥墩支承在基础上形成桥梁的传力系统。为了明确物体的受力情况，需要对物体进行受力分析，即分析物体受了哪些力的作用？哪些是已知的？哪些是未知的？以及每个力的作用位置、大小和方向。本任务是掌握画受力图的方法和步骤。

【任务实施】

为了清晰地表示物体的受力情况，我们需要把研究的物体从周围物体中分离出来，单独画出它的简图，这个步骤称为选取研究对象。被分离出来的研究对象称为隔离体。在研究对象上画出它全部的作用力（包括主动力和约束反力），这种表示物体受力的简图称为受力图。画出受力图的过程称为受力分析。

画受力图是解决力学问题的关键，是进行力学计算的依据。画受力图时应按下述步骤进行：

（1）明确研究对象，画隔离体图。首先要明确画哪个物体的受力图，然后把与它相联系的一切约束去掉，画出隔离体。

（2）画出作用于研究对象上的主动力。

（3）判断与隔离体联系的约束类型，画出相应的约束反力。

在进行受力分析时，必须明确每一个力是哪个物体对哪个物体的作用力，只有分清受力物体和施力物体才可避免发生错误。

1. 画单个物体的受力图

【例 1-1】 如图 1-16（a）所示，梁 AB 的自重不计，试画出梁的受力图。

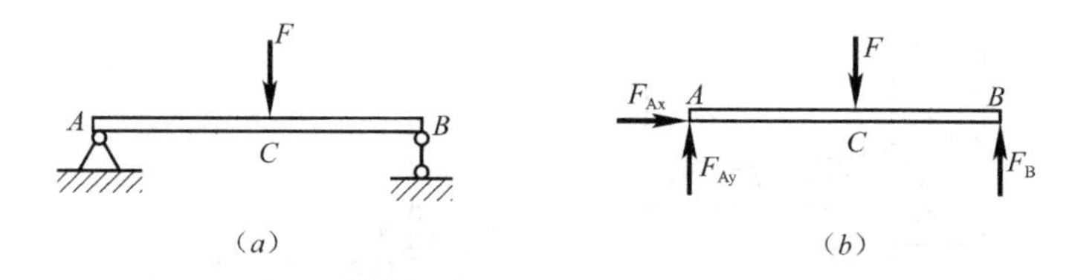

图 1-16 【例 1-1】图

【解】（1）取梁 AB 为研究对象，把它单独画出来。

（2）画出作用在梁上的主动力 F。

（3）A 端是固定铰支座，它的约束反力可用两个互相垂直的分力 F_{Ax}、F_{Ay} 表示，B 端为可动铰支座，它的约束反力是与支承面垂直的 F_B，方向不定，因此可任意假设指向上方（或下方），如图 1-16（b）所示。

【例 1-2】 重力为 W 的小球置于光滑的斜面上，并用绳索系住。如图 1-17（a）所示，试画出小球的受力图。

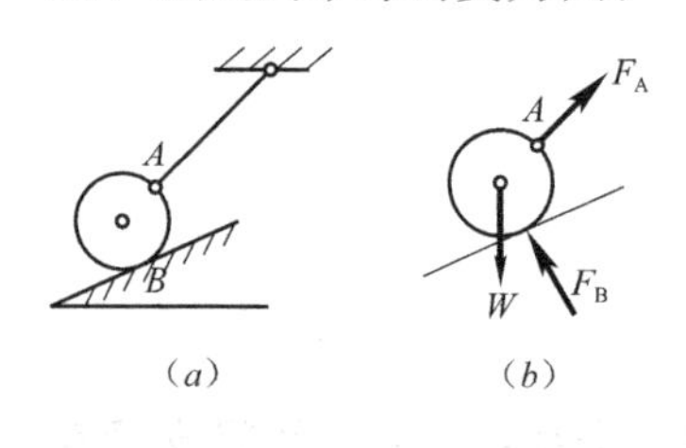

图 1-17 【例 1-2】图

【解】（1）取小球为研究对象，并单独画出其简图。

（2）画出主动力 W。作用在小球上的主动力是重力 W，它作用于球心，铅垂向下。

（3）分析并画出约束反力。小球受到光滑面和绳索的约束，光滑面对球的约束反力 F_B，通过切点 B，沿着公法线并指向球心；绳索的约束反力 F_A，作用与接触点 A，沿着绳的中心线背离球心。小球的受力图如图 1-17（b）所示。

2. 画简单物体系统的受力图

由若干个物体通过适当的约束组成的系统，称为物体系统。物体系统的受力图与单个物体的受力图画法相同，只是所取的研究对象可能是整个系统或系统的某一部分或某一物体。画整体受力图时，只需把整体作为单个物体一样对待。画系统的某一部分或某

一物体的受力图时，要注意被拆开的相互联系处有相应的约束反力，且约束反力是相互作用的，要遵循作用力与反作用力公理。

【例1-3】 如图1-18（*a*）所示，试画出多跨静定梁整体（*AB*和*BC*一起）、梁*AB*和梁*BC*的受力图。

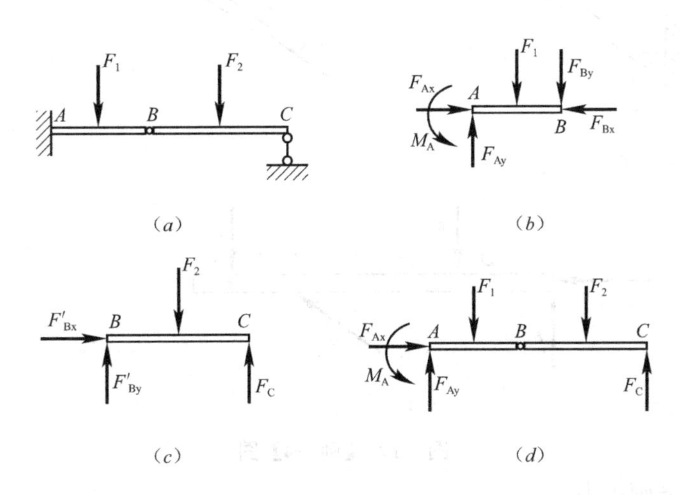

图1-18 【例1-3】图

【解】 （1）取梁*AB*为研究对象。梁*AB*上受到的主动力为已知力F_1。*A*处为固定端支座，其支座反力用两个相互垂直的分力F_{Ax}、F_{Ay}和反力偶M_A表示，其指向不定；*B*处为铰链约束，用一对正交分解的分力F_{Bx}和F_{By}来表示，指向假设，如图1-18（*b*）所示。

（2）取梁*BC*为研究对象。*B*处用铰链和梁*AB*相连，由作用力和反作用力的关系可以确定其约束反力是F'_{Bx}、F'_{By}，大小与图1-18（*b*）中F_{Bx}、F_{By}相同，但方向相反。*C*处为可动铰支座，其反力是与支承面垂直的F_C，其指向不定，假设如图1-18（*c*）所示。

（3）取梁整体*AC*为研究对象。此时，梁*AB*和*BC*两段梁之间的约束反力为系统内部的相互作用力，故在整梁上不必画出。因此，作用在整梁上的力有主动力F_1和F_2，*A*处固定端支座的支座反力F_{Ax}、F_{Ay}和反力偶M_A，*C*处可动铰支座的支座反力F_C，受力图如图1-18（*d*）所示。

【例1-4】 简易支架如图1-19（*a*）所示，图中*A*、*B*、*C*三点为铰接，杆*D*、*E*点上作用集中力F_1、F_2，杆件自重不计，试分别画出横杆*AE*和斜杆*BC*的受力图。

【解】 （1）选取*BC*杆为研究对象，将*BC*杆从约束中取出。*BC*杆为二力杆，受到F_{BC}和F_{CB}两个平衡力的作用，即$F_{BC}=F_{CB}$，如图1-19（*b*）所示。

（2）选取*AE*杆为研究对象，画出主动力F_1、F_2，*A*处为固定铰支座，画出对应约束反力：F_{Ax}、F_{Ay}；根据作用力和反作用力的关系可确定*C*处约束反力F'_{CB}($F'_{CB}=F_{CB}$)，如图1-19（*c*）所示。

通过上例分析可知，画物体系统受力图的要点如下：

① 画物体系统的受力图，与画单个物体受力图的步骤相同。

② 注意作用力与反作用力的关系。作用力的方向一旦确定，反作用力的方向必须与之相反，不能再随意假设。画物体系统的受力图时，各物体间的约束反力为系统内部的

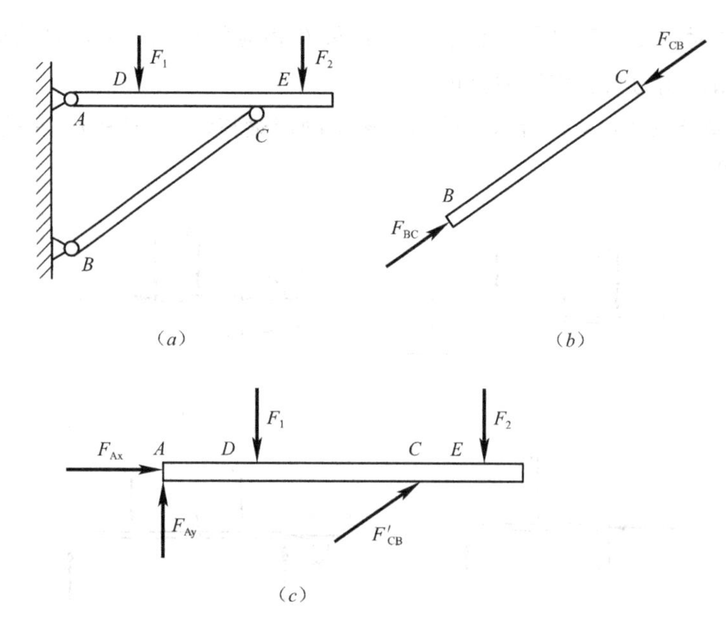

图 1-19 【例 1-4】图

相互作用力，不能画出来。

③ 画受力图时，一般先找出二力构件或二力杆，画出它的受力图，然后再画其他物体的受力图。

【任务布置】

试画出图 1-20 中梁 AB 或刚架 $ABCD$ 的受力图，题中未标出自重的各杆自重均忽略不计。

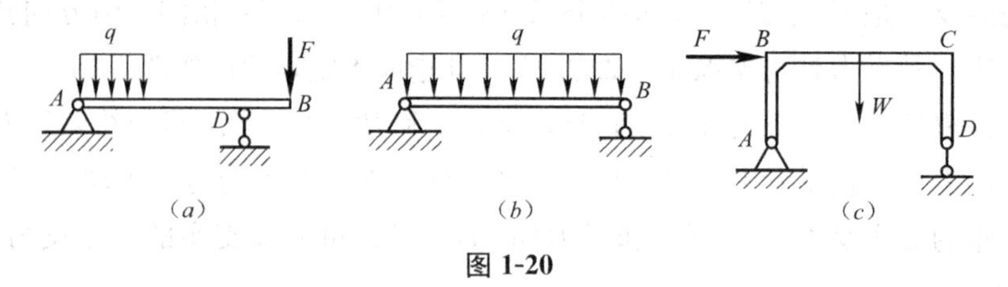

图 1-20

项目小结

本项目介绍了力的基本知识，静力学公理，常见的约束类型，物体受力分析和受力图的画法。

1. 力是物体间的相互机械作用，力的三要素：大小、方向、作用点。

2. 物体相对于地球保持静止或匀速直线运动的状态称为平衡。

3. 在力的作用下形状、大小保持不变的物体称为刚体，它是一种假想的力学模型。

4. 二力平衡公理：作用于同一刚体上的两个力，使刚体保持平衡的充分和必要条件是这两个力大小相等、方向相反且作用于同一直线上。

5. 加减平衡力系公理：在作用于刚体上的任意力系中，加上或减去任意一个平衡力系，不会改变原力系对刚体的作用效应。

6. 作用力与反作用力公理：两物体间相互作用产生的力为作用力和反作用力，它们

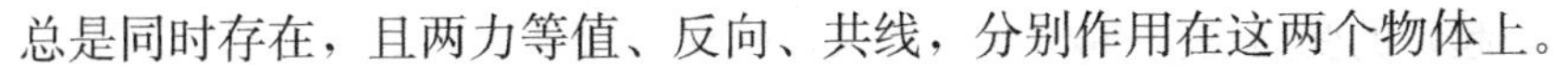

总是同时存在，且两力等值、反向、共线，分别作用在这两个物体上。

7. 平行四边形法则：作用于物体同一点上的两个力，可以合成为一个合力，合力也作用在该点，合力的大小和方向由以这两个力为邻边所构成的平行四边形的对角线来确定。

8. 限制非自由体运动的周围物体，工程上称为约束。

9. 画受力图时应按下述步骤进行：

(1) 明确研究对象，画隔离体图。首先要明确画哪个物体的受力图，然后把与它相联系的一切约束去掉，画出隔离体。

(2) 画出作用于隔离体上的主动力。

(3) 判断与隔离体联系的约束类型，画出相应的约束反力。

项目练习题

一、判断题

1. 力可以使物体的运动状态发生变化，也可以使物体发生变形。(　　)

2. 在两个力作用下处于平衡的杆件称为二力杆，二力杆一定是直杆。(　　)

3. 固定铰支座不仅可以限制物体的移动，还能限制物体的转动。(　　)

二、填空题

1. 对物体的运动起限制作用的装置，在力学中称为________，其反力的方向总是与它限制的运动方向________。

2. 二力构件上的两个力必定________、________、________。

3. 与约束反力对应，能主动使物体产生运动趋势的力称为________。

三、绘图题

1. 试画出图1-21中 AB 杆的受力图。

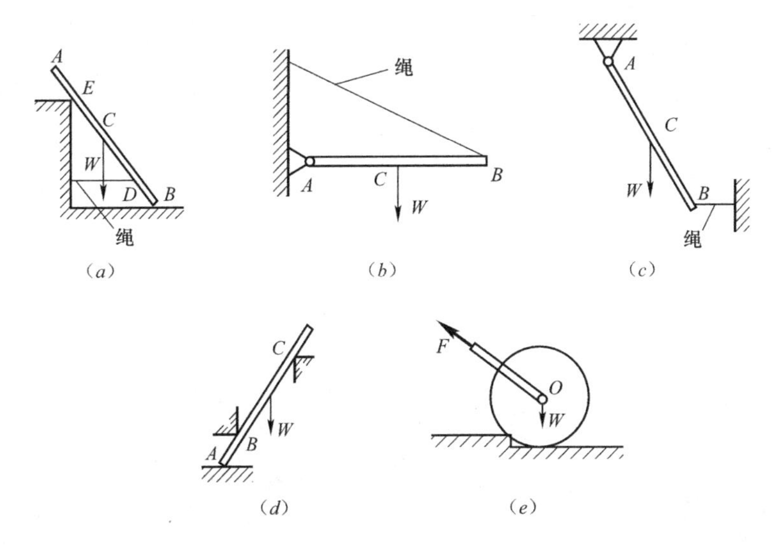

图1-21

2. 如图1-22所示的静定多跨梁，试画出图中杆件 AC、CD 以及整体（杆件 AC 和 CD 一起）的受力图。

3. 如图1-23所示，三铰刚架 ABC 受已知力 F 的作用，不计自重，试画出 AB、BC

和整体（AB 和 BC 一起）的受力图。

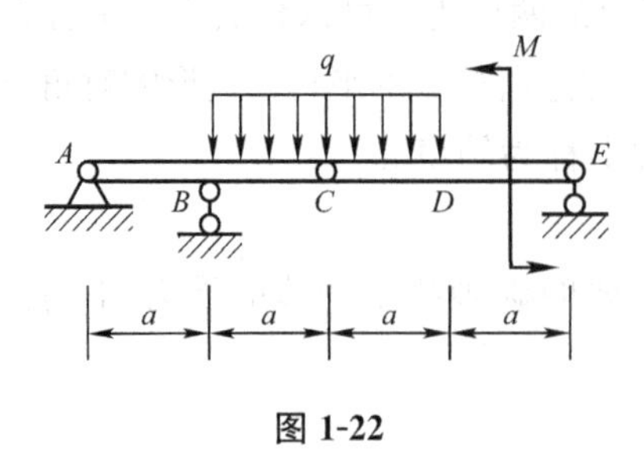

图 1-22

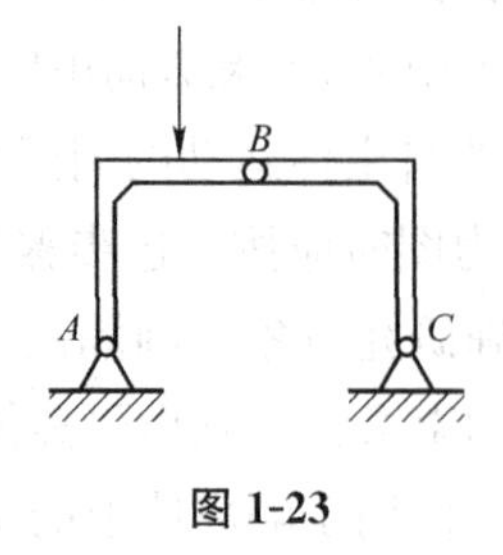

图 1-23

项目 2 计算平面力系的平衡问题

【项目概述】

在平面结构上作用的各力的作用线，若与结构都在同一个平面内，则组成的力系称为平面力系。平面力系是工程中最常见的力系。本项目介绍平面力系的平衡问题，并利用平衡规律求解未知的约束反力。

【项目目标】

通过学习，你将：

√ 会计算力的投影、力矩、力偶矩；

√ 会运用平面汇交力系、平面一般力系的平衡方程解决工程中简单的平衡问题。

任务 2.1 计算力的投影

【任务描述】

道路两边的照明灯柱，在一天不同的时段里，留在地上的影子长度是不同的，这是因为在不同时段太阳光照射灯柱的角度不同。力在直角坐标系中也有投影，本任务是计算力在坐标轴上的投影。

【任务实施】

1. 力的投影概念

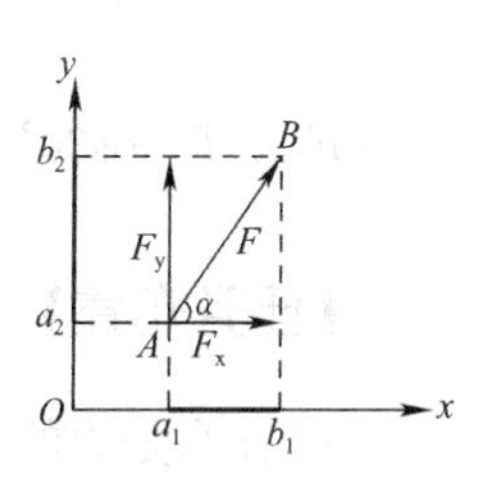

图 2-1 力的投影

假设力 $\boldsymbol{F}$ 作用在物体上的 A 点，如图 2-1 所示。在力 $\boldsymbol{F}$ 所在平面建立平面直角坐标系 xOy，从力 F 的起点 A 及终点 B 分别向坐标 x 轴、y 轴引垂线，交 x 轴于 a_1、b_1，交 y 轴于 a_2、b_2，线段 a_1b_1

的长度加以正号或负号称为力 **F** 在 x 轴的投影，用 F_x 表示；线段 a_2b_2 的长度加以正号或负号称为力 **F** 在 y 轴的投影，用 F_y 表示。

投影的正负号规定：投影的起点 a_1 到终点 b_1 的指向与坐标轴正方向一致时，投影取正号；反之投影取负号。力在坐标轴上的投影是代数量。

【提醒】 力在坐标轴上的投影是代数量，分力是矢量，两者不能混淆。

2. 力的投影计算

假设力 **F** 与 x 轴所夹的锐角为 α，从图 2-1 中的几何关系可以得出投影的计算公式为：

$$\left.\begin{aligned} F_x &= \pm F\cos\alpha \\ F_y &= \pm F\sin\alpha \end{aligned}\right\} \tag{2-1}$$

根据投影的定义和计算公式可知：①当力与坐标轴垂直时，力在该坐标轴上的投影为零；②当力与坐标轴平行或重合时，力在该轴上的投影大小等于力本身。

若已知力在 x 轴和 y 轴投影时，根据图 2-1 中的几何关系，也可以确定力 **F** 的大小和方向，计算公式为：

$$\left.\begin{aligned} F &= \sqrt{F_x^2 + F_y^2} \\ \tan\alpha &= \left|\frac{F_y}{F_x}\right| \end{aligned}\right\} \tag{2-2}$$

【例 2-1】 已知 $F_1=100\text{kN}$，$F_2=80\text{kN}$，$F_3=150\text{kN}$，$F_4=200\text{kN}$，各力方向如图 2-2 所示，试分别计算各力在 x 轴和 y 轴上的投影。

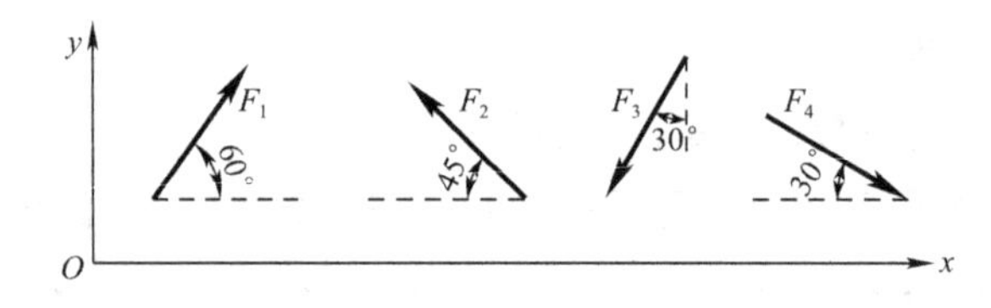

图 2-2 【例 2-1】图

【解】 各力在 x 轴、y 轴的投影为：

$F_{1x}=F_1\cos60°=100\times\frac{1}{2}=50\text{kN}$，$F_{1y}=F_1\sin60°=100\times\frac{\sqrt{3}}{2}=86.6\text{kN}$

$F_{2y}=-F_2\cos45°=-80\times\frac{\sqrt{2}}{2}=-56.56\text{kN}$，$F_{2y}=F_2\sin45°=80\times\frac{\sqrt{2}}{2}=56.56\text{kN}$

由图 2-2 可知，力 $\boldsymbol{F}_3$ 与 x 轴的夹角为 60°，因此：

$F_{3x}=-F_3\cos60°=-150\times\frac{1}{2}=-75\text{kN}$，$F_{3x}=-F_3\sin60°=-150\times\frac{\sqrt{3}}{2}=-129.9\text{kN}$

$F_{4x}=F_4\cos30°=200\times\frac{\sqrt{3}}{2}=173.2\text{kN}$，$F_{4y}=-F_4\sin30°=-200\times\frac{1}{2}=-100\text{kN}$

【任务布置】

1. 什么是力的投影？
2. 力的投影计算公式是什么？

3. 力的投影与分力的区别。

4. 已知 $F_1=400\text{kN}$，$F_2=100\text{kN}$，$F_3=60\text{kN}$，$F_4=300\text{kN}$，$F_5=150\text{kN}$，$F_6=120\text{kN}$，各力方向如图 2-3 所示，试分别计算各力在 x 轴和 y 轴上的投影。

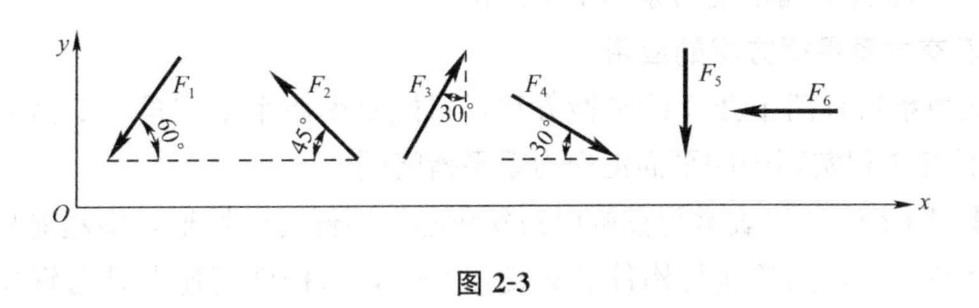

图 2-3

任务 2.2　计算平面汇交力系的平衡问题

【任务描述】

在平面力系中，如果各力的作用线都汇交于一点，这样的力系称为平面汇交力系。如果各力作用线不完全交于一点，也不完全平行，这样的力系称为平面一般力系。工程实践中，平面汇交力系的实例很多，本任务是认识平面汇交力系，并研究其平衡规律，利用平衡规律计算平面汇交力系的平衡问题。

【任务实施】

1. 平面汇交力系的平衡条件

起重机用钢丝绳起吊构件时，吊钩所受的力在同一个平面内，且各力作用线都交于一点 C，如图 2-4（a）、（b）所示。工程力学中，把各力的作用线都在同一个平面内且完全汇交于一点的力系称为平面汇交力系。

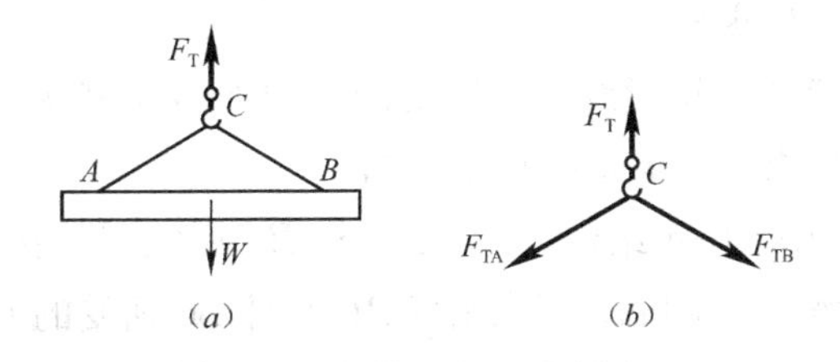

图 2-4　平面汇交力系

根据力的平行四边形法则可知，平面汇交力系可以合成为一个合力 $\boldsymbol{F}_R$，合力与原力系等效。当物体处于平衡状态时，该力系为平衡力系，则合力 $\boldsymbol{F}_R$ 为零。因此，平面汇交力系的平衡条件是该力系的合力 $\boldsymbol{F}_R$ 为零。当合力 $\boldsymbol{F}_R$ 为零时，合力在坐标轴上的投影也应为零，根据合力投影定理（合力在任一坐标轴上的投影等于各个分力在坐标轴上投影的代数和）则有：

$$\left.\begin{aligned}F_{Rx}=\sum F_x=0\\F_{Ry}=\sum F_y=0\end{aligned}\right\} \tag{2-3}$$

因此，平面汇交力系的平衡条件是：力系中各力在两个坐标轴上投影的代数和均等于零。式（2-3）称为平面汇交力系的平衡方程。

2. 平面汇交力系平衡方程的应用

平面汇交力系只有两个独立的平衡方程，只能求解两个未知量。工程力学中，常应用式（2-3）计算工程实际中的平面汇交力系平衡问题。

【例 2-2】 图 2-5（*a*）表示起重机用钢丝绳起吊构件时的情形，钢丝绳自重不计，构件的自重 $W=200\text{kN}$，钢丝绳与构件的夹角 $\alpha=30°$，求构件匀速上升时钢丝绳 *AC*、*BC* 所受的拉力。

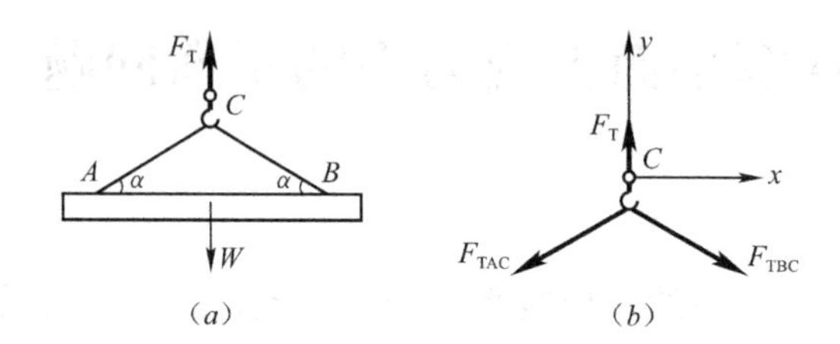

图 2-5 【例 2-2】图

【解】（1）以弯钩 *C* 为研究对象进行受力分析，画其受力图，如图 2-5（*b*）所示。根据二力平衡可知 $F_T=W=200\text{kN}$。

（2）以 *C* 为坐标原点，建立直角坐标系如图 2-5（*b*）所示。

（3）列平衡方程，求解未知量：

$$\sum F_x=0,\quad -F_{TAC}\cos\alpha+F_{TBC}\cos\alpha=0$$

$$\sum F_y=0,\quad F_T-F_{TAC}\sin\alpha-F_{TBC}\sin\alpha=0$$

$$\cos\alpha=\cos30°=\frac{\sqrt{3}}{2},\quad \sin\alpha=\sin30°=\frac{1}{2},\ F_T=200\text{kN}$$

解得：$F_{TAC}=F_{TBC}=200\text{kN}$

计算结果为正值，说明：钢丝绳 *AC* 所受的拉力 F_{TAC} 的指向与假定的指向相同，钢丝绳 *BC* 所受拉力 F_{TBC} 的指向与假定的指向相同。

【例 2-3】 如图 2-6（*a*）所示结构，杆 *AC* 与杆 *BC* 用铰 *C* 连接，两杆的另一端用铰连接在墙上，铰 *C* 处挂重物 $W=60\text{kN}$，试求出杆 *AC* 与杆 *BC* 所受的力（两杆不计自重）。

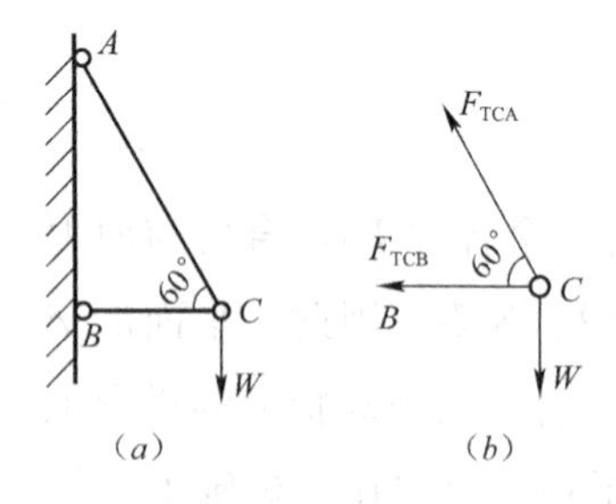

图 2-6 【例 2-3】图

【解】（1）取铰 *C* 为研究对象，*AC*、*BC* 杆均为二力杆，假设均为拉力，画其受力图，如图 2-6（*b*）所示。

（2）以 *C* 为坐标原点，建立直角坐标系。

（3）列平衡方程，求解未知量：

$$\sum F_x=0,\quad -F_{TCB}+F_{TCA}\cos60°=0$$

$$\sum F_y=0,\quad F_{TCA}\sin60°-W=0$$

解得：$F_{TCA}=69.28\text{kN}$，$F_{TCB}=-34.64\text{kN}$

计算结果为正值说明实际方向与假设方向相同，计算结果为负值说明实际方向与假设方向相反。因此，杆 AC 所受的力 F_{TCA} 的指向与假定的指向相同，杆 BC 所受的力 F_{TCB} 的指向与假定的指向相反。

通过以上例题，可以总结出求解平面汇交力系平衡问题的一般步骤：

（1）选取合适的研究对象。

（2）画研究对象的受力图。画出研究对象所受的已知力和未知力。约束反力根据约束类型画出，方向可以按正向假设。

（3）建立合适的直角坐标系，列出平衡方程，求解未知量。选择坐标系时，尽可能使较多未知力与所建坐标轴垂直或平行。

【提醒】 求解平衡问题时，首先假设未知力的指向。解平衡方程求出未知力后，若为正值，说明假设的未知力指向与力实际的指向是相同的；若求出未知力为负值，说明假设的指向与力实际的指向相反。

【任务布置】

1. 什么是平面汇交力系？什么是平面一般力系？

2. 平面汇交力系合成的结果是什么？平面汇交力系的平衡条件是什么？

3. 如图 2-7 所示，杆 AC 与杆 BC 用铰 C 连接，两杆的另一端用铰连接在墙上，铰 C 处挂重物 $W=20\text{kN}$，试用解析法求出杆 AC 与杆 BC 所受的力（两杆不计自重）。

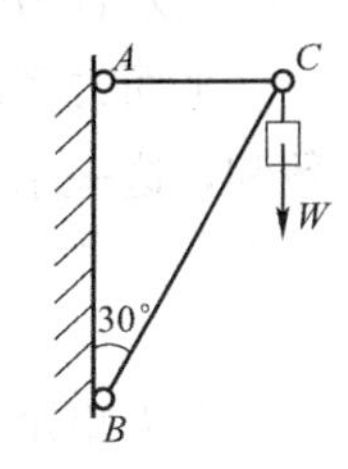

图 2-7

任务 2.3 认识力矩和力偶

【任务描述】

力不仅可以使物体移动，而且还能使物体转动。如我们用手开门、关门，用扳手拧螺丝等都是力使物体产生转动的实例。为了度量力对物体的转动效应，力学中引入了力矩的概念。本任务是认识力矩和力偶，并计算力矩和力偶矩。

【任务实施】

1. 力矩的概念与计算

（1）力矩的概念与计算公式

如图 2-8（a）所示，用扳手转动螺母，作用于扳手一端力 F，使扳手带动螺母绕螺母中心 O 转动。由经验可知，螺母能否转动，不仅取决于力 F 的大小，而且与螺母中心 O 到力 F 作用线的垂直距离 d 有关。力 F 使物体绕 O 点转动的效应用力矩来度量，F 与 d 乘积加上正负号称为力 F 对 O 点的力矩，简称力矩，用符号 M_O（F）表示，即：

$$M_O(F)=\pm F\cdot d \tag{2-4}$$

式中：点 O 称为力矩中心（简称矩心）；d 为矩心 O 到力 F 作用线的垂直距离，称为力臂。“±”表示力矩的转向，通常规定：力 F 使物体绕矩心逆时针方向转动为正，顺时针转动为负。力矩的单位为：kN·m 或 N·m。力矩是代数量。

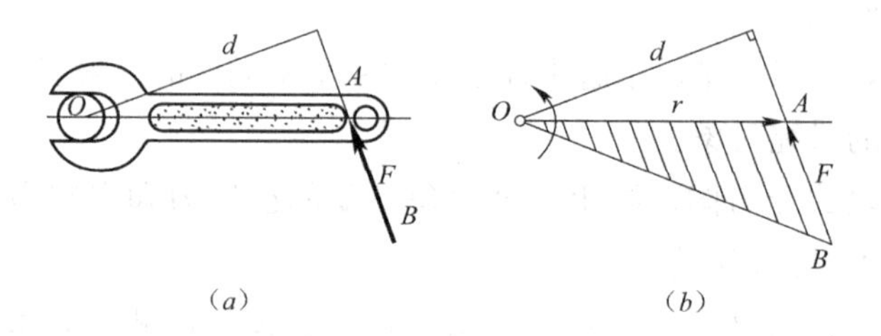

图 2-8　力矩

【提醒】 力 F 对 O 点之矩的大小不仅取决于力 F 的大小，而且还与矩心的位置有关。因此表示力矩时必须标明矩心。力的作用线通过矩心时，力矩等于零。

（2）合力矩定理

平面力系的合力对力系作用面内任一点之矩，等于力系中各分力对同一点之矩的代数和，这一结论称为合力矩定理。即：

$$M_O(F_R) = M_O(F_1) + M_O(F_2) + \cdots + M_O(F_n) = \sum_{i=1}^{n} M_O(F_i) \tag{2-5}$$

合力矩定理从转动效应方面揭示了合力与各分力之间的等效关系。

【例 2-4】 如图 2-9（a）所示，已知 $F_1=100\text{kN}$，$F_2=150\text{kN}$，$F_3=200\text{kN}$，试计算各力对 O 点的力矩。

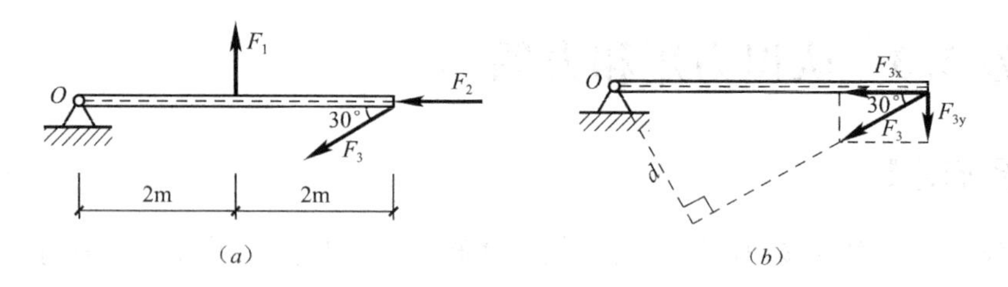

图 2-9　【例 2-4】图

【解】 根据式（2-4）可知：

（1）F_1 对 O 点的力矩：$M_O(F_1)=100\times2=200\text{kN}\cdot\text{m}$

（2）F_2 对 O 点的力矩：$M_O(F_2)=0$

（3）F_3 对 O 点的力矩：如图 2-9（b）所示，

方法一：$M_O(F_3)=-F_3\cdot d=-200\times4\sin30°=-400\text{kN}\cdot\text{m}$

方法二：利用合力矩定理，将 F_3 分解为沿杆轴线方向 F_{3x}，与杆轴线垂直 F_{3y}

$M_O(F_3)=M_O(F_{3x})+M_O(F_{3y})=0-F_{3y}\times4=-F_3\sin30°\times4-400\text{kN}\cdot\text{m}$

工程实际中，有些荷载是沿着杆件长度方向均匀分布的，称为均布荷载，如桥梁的重力。设 $\boldsymbol{F}_R$ 是均布荷载 q 的合力，则根据合力矩定理，均布荷载 q 对任意点 O 的矩为：

$$M_O(q) = M_O(F_R) = \pm F_R d \tag{2-6}$$

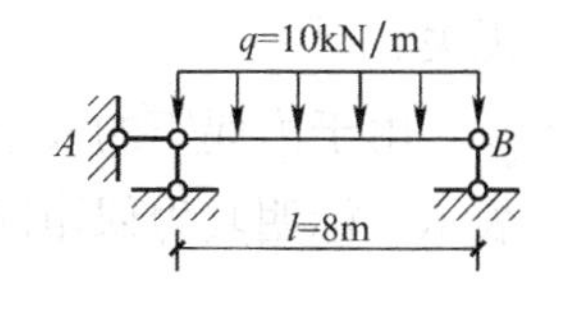

图 2-10　例【2-5】图

【例 2-5】 如图 2-10 所示，求均布荷载 q 对 A 点之矩。

【解】 均布荷载的合力 F_R 为 ql，合力到点 A 的距离为 $\frac{l}{2}$，因此均布荷载 q 对 A 点之矩为：

$$M_O(q)=-ql\times\frac{l}{2}=-10\times8\times\frac{8}{2}=-320\text{kN}\cdot\text{m}$$

2. 力偶的概念与计算

（1）力偶的概念

在日常生活和工程实际中，我们往往会同时施加两个等值、反向、不共线的平行力来使物体转动，如图 2-11（*a*）、（*b*）、（*c*）所示，汽车司机用双手转动方向盘、用手指拧水龙头、工人用丝锥攻螺纹等。这种由两个大小相等、方向相反且不共线的平行力组成的力系，称为力偶。力偶用符号（F，F'）表示，力偶的两力之间的垂直距离 d 称为力偶臂；力偶所在的平面称为力偶的作用面。力偶只对物体产生转动效应，而不产生移动效应。

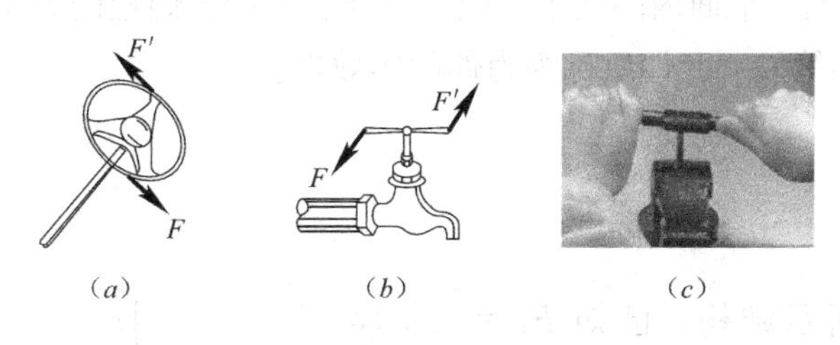

图 2-11　力偶

（2）力偶矩

由实践可知，在力偶的作用面内，力偶对物体的转动效应，不仅与组成力偶的两平行力的大小有关，而且还与力偶臂的大小以及力偶的转向有关。为了度量力偶对物体的转动效应，引入了力偶矩的概念。力偶矩等于力偶中的一个力 F 与力偶臂 d 的乘积 Fd，再加上正负号，用 $M(F，F')$ 表示，简记为 M。即：

$$M(F,F')=M=\pm Fd \tag{2-7}$$

式中：正负号表示力偶的转向，通常规定力偶使物体逆时针旋转时，力偶矩为正；力偶使物体顺时针旋转时，力偶矩为负。由公式可看出，力偶矩的单位与力矩的单位相同，也为 kN·m 或 N·m。

力偶与力一样，也是力学中的基本物理量。力偶对物体的转动效应取决于力偶的三要素，即力偶矩的大小、力偶的转向、力偶作用面的方位。

（3）力偶的性质

性质 1　力偶无合力，不能用一个力来代替或平衡。

根据力偶的定义，形成力偶的两个力平行且不共线，所以此二力既不能合成也不能相互平衡，即力偶不能用一个力来等效或代替。

性质 2　力偶对其作用面内任意点之矩恒等于此力偶的力偶矩，而与所选矩心的位置无关。

由于力偶矩的大小与矩心的位置无关，因此平面内的力偶可以用一个带箭头的弧线表示，标明其力偶矩即可，如图 2-12（a）、（b）所示。

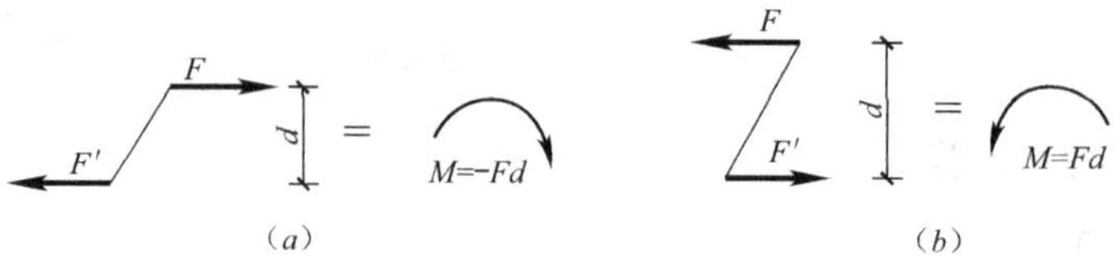

图 2-12　力偶的表示方法

性质 3　力偶在任意坐标轴上的投影恒等于零。

因为形成力偶的两个力大小相等、方向相反、作用线平行，所以两个力在任何坐标轴上的投影大小相等、符号相反，它们的和恒等于零。据此可知力偶不可能对物体产生移动效应。

性质 4　作用在同一平面内的两个力偶，只要它们的力偶矩的大小相等，力偶的转向相同，则这两个力偶等效。此性质称为力偶的等效性。

【任务布置】

1. 什么是力矩？

2. 如图 2-13 所示结构，已知 $F_1=10\text{kN}$，$F_2=15\text{kN}$，$F_2=30\text{kN}$，试计算各力对 A 点的力矩。

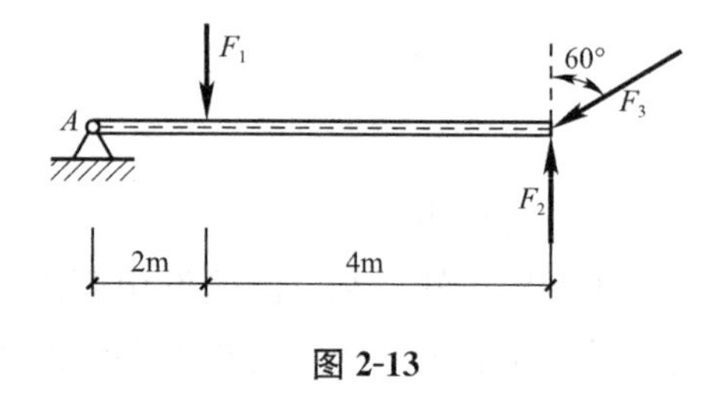

图 2-13

3. 什么是力偶？什么是力偶矩？力偶三要素是什么？

4. 如图 2-14 所示，指出哪几个是等效的力偶？

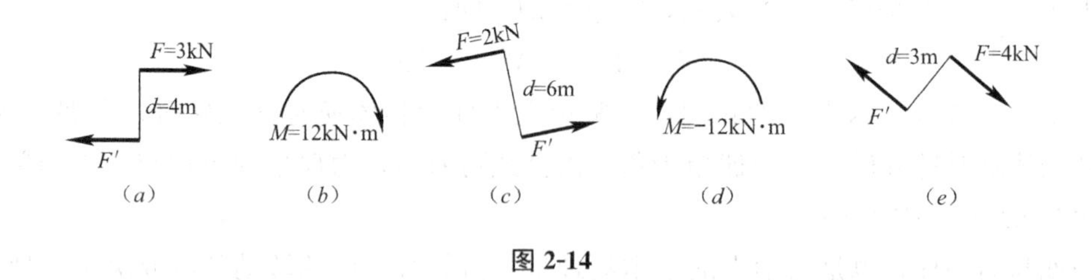

图 2-14

任务 2.4　计算平面力偶系的平衡问题

【任务描述】

如果在物体的同一平面内作用着两个或两个以上的力偶，称为平面力偶系。本任务是认识平面力偶系，研究其平衡规律，并利用平衡规律计算平衡问题。

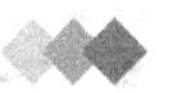

【任务实施】

1. 平面力偶系的平衡条件

根据平面力偶矩为代数量的性质，平面力偶系可以用代数的方法进行合成，如图 2-15所示，其结论是：平面力偶系可以合成为一个合力偶，其力偶矩等于各分力偶矩的代数和，即：

$$M = M_1 + M_2 + \cdots M_n = \sum_{i=1}^{n} M_i \tag{2-8}$$

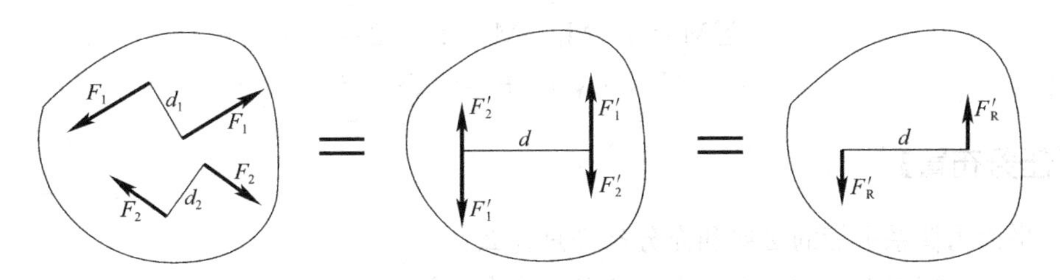

图 2-15　力偶的合成

平面力偶系的合成结果是一个合力偶，当合力偶矩等于零时，物体处于平衡状态。因此，平面力偶系平衡的必要和充分条件是：力偶系中各力偶矩的代数和等于零。即：

$$\sum M_i = 0 \tag{2-9}$$

式（2-9）称为平面力偶系的平衡方程。平面力偶系只有一个独立的平衡方程，只能求解一个未知量。

2. 平面力偶系平衡方程的应用

【例 2-6】　如图 2-16（a）所示，简支梁 AB 上受力偶 M 的作用，力偶矩 M=20kN·m 不计梁自重，求 A、B 处的约束反力。

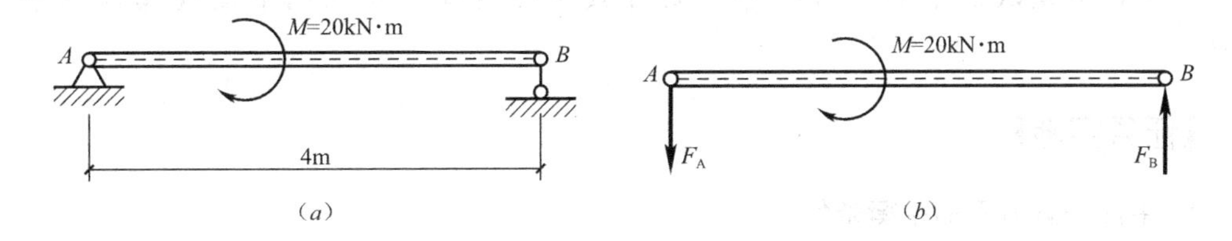

图 2-16　【例 2-6】图

【解】（1）取梁 AB 为研究对象，受力图如图 2-16（b）所示。梁只受到一个力偶作用，而力偶只能与力偶平衡，所以 A、B 处的约束反力 F_A、F_B 应等值、反向、平行，构成一个约束力偶。

（2）列平衡方程，求未知量。

$$\sum M_i = 0 \quad F_B \times 1 - M = 0$$

故
$$F_B = 5\text{kN}\ (\uparrow), \qquad F_A = 5\text{kN}\ (\downarrow)$$

【例 2-7】　如图 2-17（a）所示，在外伸梁 AC 上作用两个力偶，力偶矩分别为：M_1=19kN·m、M_2=10kN·m，不计梁的自重，求 A、B 处的约束反力。

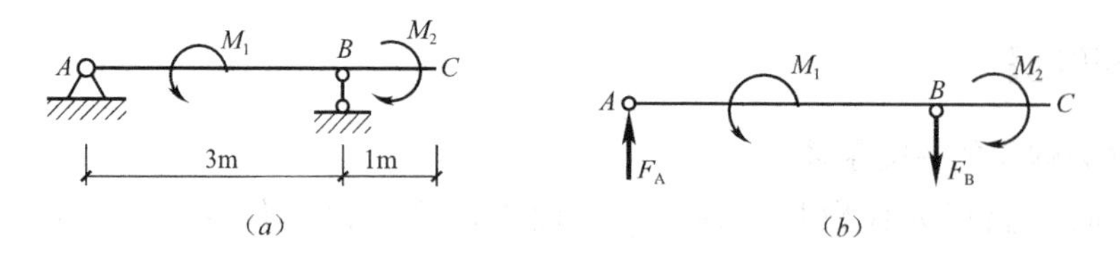

图 2-17 【例 2-7】图

【解】 (1) 取梁 AC 为研究对象，受力图如图 2-17 (b) 所示。

(2) 列平衡方程，求未知量。

$$\sum M_i=0 \quad M_1-M_2-F_B\times3=0$$

故 $F_B=3\text{kN}$ (↓)，$F_A=3\text{kN}$ (↑)

【任务布置】

1. 平面力偶系平衡的必要和充分条件是什么?

2. 平面力偶系合成结果是一个力还是一个合力偶?

3. 如图 2-18 所示，悬臂梁 AB 上作用两个力偶，力偶矩分别为：$M_1=30\text{kN}\cdot\text{m}$、$M_2=10\text{kN}\cdot\text{m}$，求支座 A 处的约束反力。

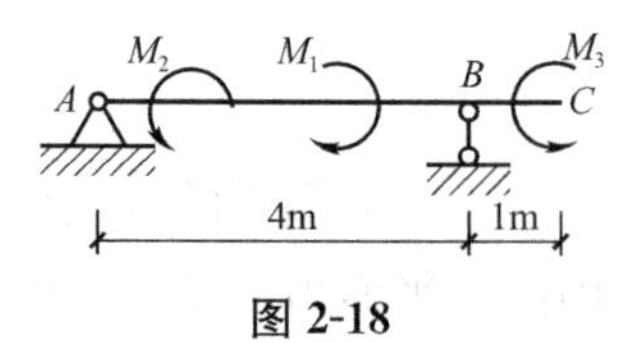

图 2-18

任务 2.5 计算平面一般力系的平衡问题

【任务描述】

土木工程中常见的挡土墙、水坝、桥梁等，作用在其上的平面力系都是平面一般力系。本任务是认识平面一般力系，研究其平衡规律，并利用平衡规律计算平衡问题。

【任务实施】

1. 平面一般力系的平衡条件

如果在物体的同一平面内作用着两个或两个以上的力，各力作用线既不完全汇交又不完全平行，这样的力系称为平面一般力系。平面一般力系是工程实际中最常见的力系。平面一般力系经简化后得到一个平面汇交力系和一个平面力偶系，因此平面一般力系的平衡方程为：

$$\left.\begin{aligned}\sum F_x=0\\ \sum F_y=0\\ \sum M_O(F)=0\end{aligned}\right\} \tag{2-10}$$

上式表明，平面一般力系平衡的必要与充分条件为：力系中所有各力在任一坐标轴上投影的代数和为零；力系中所有各力对于力系作用面内任一点之矩的代数和等于零。

式（2-10）中第 1、2 方程称为投影方程，第 3 个方程称为力矩方程，此平衡方程称为一矩式。

平面一般力系的平衡方程除了式（2-10）所示的基本形式外，还有二力矩式（简称二矩式），即：

$$\left.\begin{array}{l}\sum F_y=0\\ \sum M_A(F)=0\\ \sum M_B(F)=0\end{array}\right\} \tag{2-11}$$

式中：A、B 两矩心的连线不能与投影轴 x 垂直。

综上所述，不论选用哪一组形式的平衡方程，对于同一个平面力系来说，只能列出 3 个独立的平衡方程，因而只能求解 3 个未知量。

2. 平面一般力系平衡方程的应用

【例 2-8】 如图 2-19（a）所示的简支梁 AB，受到集中力和集中力偶作用，其中 $F=15$kN，力偶矩 $M=18$kN·m，梁不计自重，求梁 AB 的支座反力。

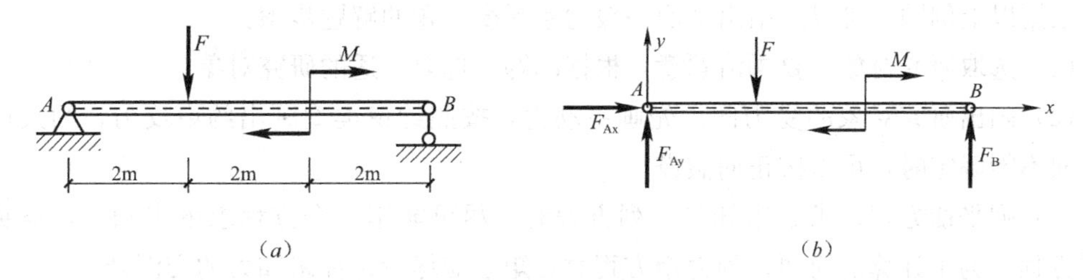

图 2-19 【例 2-8】图

【解】（1）选取整个梁 AB 为研究对象，受力如图 2-19（b）所示，建立直角坐标系 yAx。

（2）列平衡方程，求解未知量：

$$\sum F_x=0，F_{Ax}=0$$

$$\sum M_A=0，\quad F_B\times6-M-F\times2=0$$

$$F_B=8\text{kN}（\uparrow）$$

$$\sum F_y=0，\quad F_{Ay}-F+F_B=0$$

$$F_{Ay}=7\text{kN}（\uparrow）$$

【例 2-9】 如图 2-20（a）所示刚架，受到集中力 F 和均布荷载 q 作用，已知 $F=20$kN、$q=10$kN/m，求刚架的支座反力。

【解】（1）以整体刚架为研究对象，受力图如图 2-20（b）所示，建立直角坐标系 yAx。

（2）列平衡方程，求解未知量：

$$\sum F_x=0，\qquad F+F_{Ax}=0$$

$$F_{Ax}=-20\text{kN}（\leftarrow）$$

$$\sum M_A=0，\quad -F\times2-q\times4\times2+F_D\times4=0$$

$$F_D=30\text{kN}（\uparrow）$$

$$\sum F_y=0,\quad F_{Ay}-q\times 4+F_D=0$$
$$F_D=10\text{kN}\ (\uparrow)$$

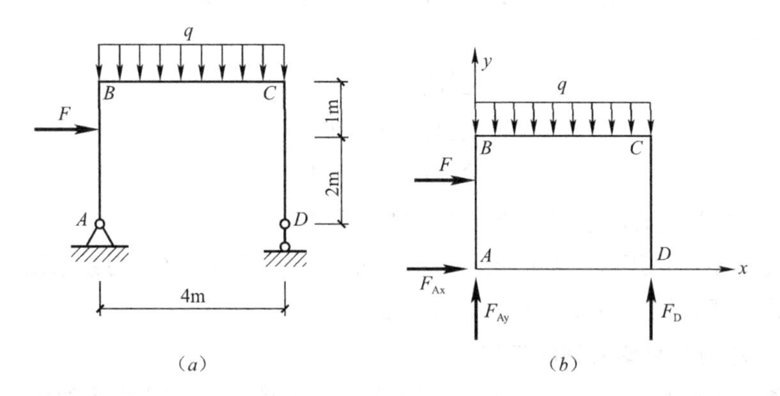

图 2-20 【例 2-9】图

根据以上例题，可以总结出平面一般力系平衡问题的解题步骤：

(1) 选取研究对象。要弄清题意，根据问题，选取合适的研究对象。

(2) 画出研究对象的受力图。先画主动力，按照约束类型画出约束反力，约束反力的方向不能确定时，可以按正向假设。

(3) 列平衡方程，求解未知量。列方程时，尽可能用一个方程求解未知量，避免解联立方程。为了计算的简便，列力矩方程时，矩心应尽量选择未知力的交汇处。

(4) 在求出所有未知量后，可利用其他形式的平衡方程对计算结果进行校核。

3. 物体系统的平衡*

工程实际中，多数结构、设备都是由若干个物体通过约束所组成的，我们将其称为物体系统，如图 2-21 所示三铰拱是由两个曲杆 AC、BC 通过铰 C 连接组合而成。

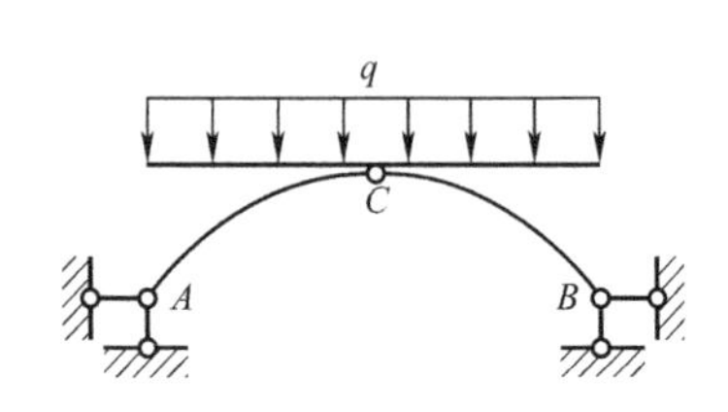

图 2-21 三铰拱

在研究其物体系统平衡问题时，不仅要求解 A、B 处支座反力，而且还需求出它们在中间铰 C 点处相互作用的力。为了研究方便，把物体系统以外的物体作用在此物体系统上的力叫外力，把物体系统内各物体间的相互作用力叫内力。

当系统平衡时，组成系统的每一个物体也处于平衡状态。因此，选取研究对象时，可以选择物体系统，也可以选择系统中的某一部分。

【例 2-10】 如图 2-22 (a) 所示多跨静定梁，受到集中力 F 和均布荷载 q 作用，已知 $F=20\text{kN}$，$q=20\text{kN/m}$，求梁的支座反力。

【解】 (1) 取 CD 梁为研究对象，受力图如图 2-22 (b) 所示。

$$\Sigma M_C=0,\quad -20\times 1+F_D\times 2=0$$
$$F_D=10\text{kN}(\uparrow)$$

(2) 以整体梁为研究对象，受力图如图 2-22 (c) 所示。

$$\Sigma F_x=0,\quad F_{Ax}=0$$

$$\Sigma M_A = 0, \quad -10\times4\times2+F_B\times4-20\times6+10\times7=0$$

$$F_B = 32.5\text{kN}(\uparrow)$$

$$\Sigma F_y = 0, \quad F_{Ay}-10\times4+F_B-20+F_D=0$$

$$F_{Ay} = 17.5\text{kN}(\uparrow)$$

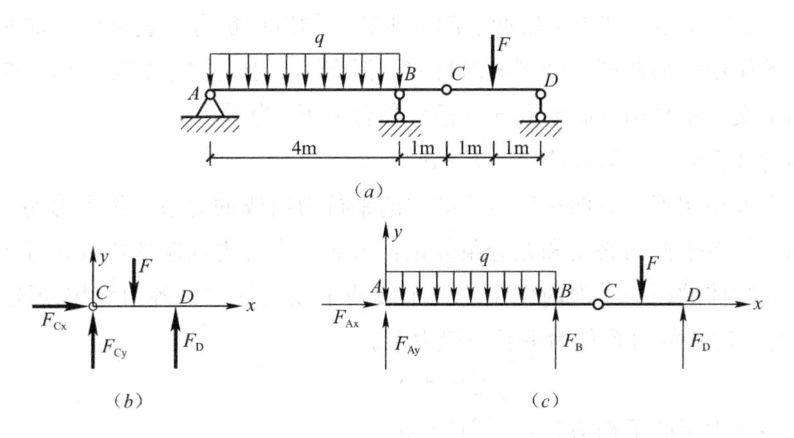

图 2-22 【例 2-10】图

通过以上例题，可归纳出求解物体系统平衡问题的步骤：

（1）分析题意，选取适当的研究对象。如果系统的未知约束反力总数不超过 3 个，或虽超过 3 个但仍能由整体平衡条件求部分未知量，可选择整体系统为研究对象。

（2）正确画出研究对象的受力图。当以整体系统为研究对象时，受力图上画出所有的外力（包含已知力和未知力），但是不画物体系统中各物体间的相互作用的内力。

（3）对所选取的研究对象，建立平衡方程，求解未知量。最好 1 个平衡方程求解 1 个未知量；列力矩方程时，应尽量选择两个或多个未知力的交点为矩心；避免解联立方程。

【任务布置】

1. 平面一般力系的平衡条件是什么？

2. 计算如图 2-23（*a*）、（*b*）、（*c*）所示结构的支座反力。

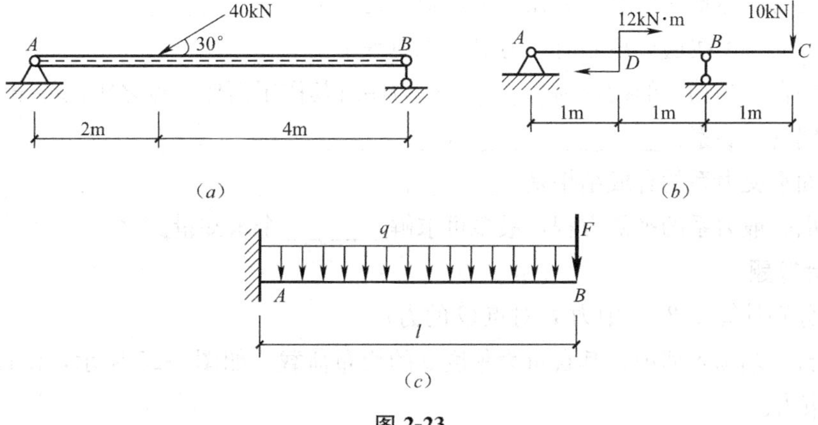

图 2-23

项目小结

本项目介绍了力的投影及计算，平面汇交力系平衡的运用，力矩和力偶，平面力偶系平衡方程运用，平面一般力系平衡方程的运用。

1. 过力的起点和终点分别向 x 轴和 y 轴引垂线，交于 x 轴两点间的距离，加以正负号，表示在 x 轴的投影；交于 y 轴两点间的距离，加以正负号，表示在 y 轴的投影。

2. 各力的作用线都在同一个平面内且完全汇交于一点的力系称为平面汇交力系。

3. 平面汇交力系平衡的必要和充分条件是合力 F_R 为零。

4. 力矩的计算公式：$M_O(F)=\pm F \cdot d$。

5. 由两个大小相等、方向相反且不共线的平行力组成的力系，称为力偶。

6. 平面力偶系平衡的必要和充分条件是：力偶系中各力偶矩的代数和等于零。

7. 如果在物体的同一平面内作用着两个或两个以上的力，各力作用线既不完全汇交又不完全平行，这样的力系称为平面一般力系。

8. 平面一般力系的平衡方程：$\begin{cases} \sum F_x=0 \\ \sum F_y=0 \\ \sum M_O(F)=0 \end{cases}$

项目练习题

一、判断题

1. 若两个力的水平投影相等，那么它们的大小也相等。(　　)

2. 力矩以顺时针转动为正，逆时针转动为负。(　　)

3. 力偶可以用一个力来代替。(　　)

4. 力偶对物体不但有移动效应，也有转动效应。(　　)

5. 力偶对平面内任一点的矩，取决于矩心所在的位置。(　　)

6. 物体系统处于平衡时，系统中的各个物体也都处于平衡。(　　)

7. 对整个物体系统进行受力分析时，系统外力和系统内力都需要画出。(　　)

二、填空题

1. 当力与坐标轴垂直时，力在该坐标轴上的投影等于________。

2. 当力与坐标轴平行时，力在该坐标轴上的投影等于________。

3. 当力的作用线通过矩心时，力对点之矩等于________。

4. 力偶在坐标轴上的投影为________；力偶对其作用面任一点之矩恒等于________。

5. 力偶的三要素：________、________、________。

6. 平面汇交力系的合成结果是________。

7. 平面一般力系的平衡方程，最多可求解________个未知量。

三、计算题

1. 试分别计算图 2-24 中力 F 对点 O 的力矩。

2. 阳台一端砌入墙内，其自重为集度 q 的均布荷载。如图 2-25 所示，试计算阳台固定端的约束力。

3. 计算如图 2-26 所示各梁的支座反力（梁的自重不计）。

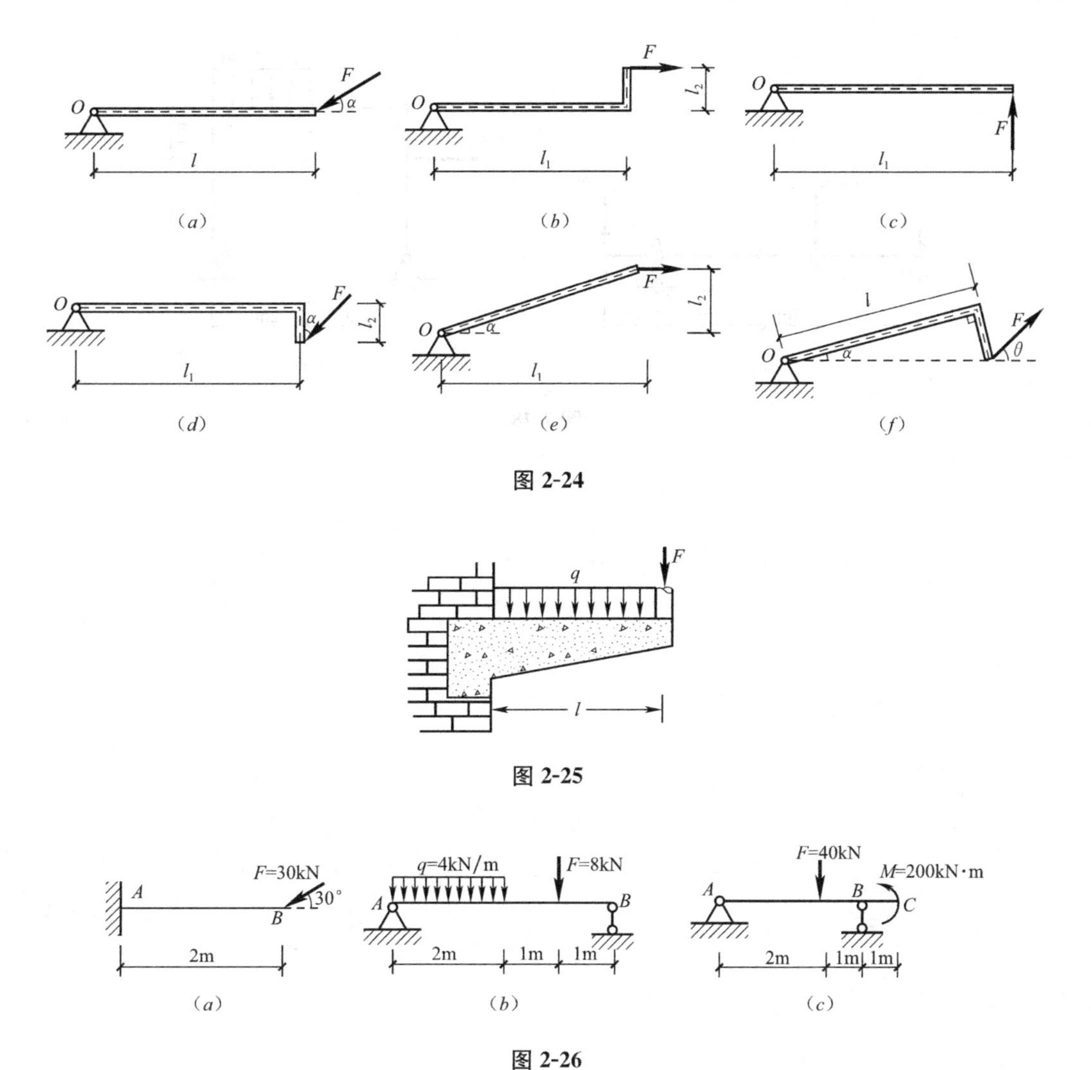

图 2-24

图 2-25

图 2-26

4. 计算如图 2-27 所示刚架的支座反力（刚架的自重不计）。

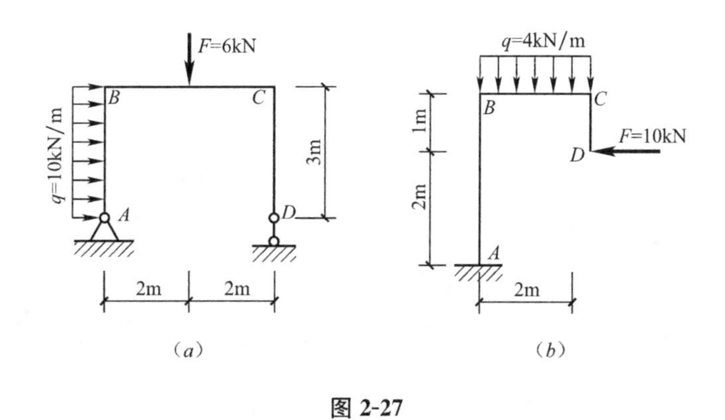

图 2-27

5. 计算如图 2-28 所示物体系统的支座反力及中间铰 C 处的约束反力。

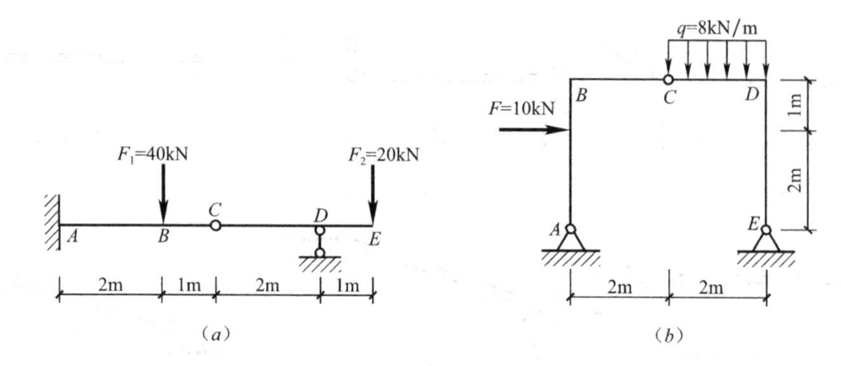

F1=40kN
F2=20kN
A
B
C
D
E
2m
1m
2m
1m
(a)
q=8kN/m
F=10kN
B
C
D
A
E
1m
2m
2m
2m
(b)

图 2-28

项目 3
计算轴向拉伸与压缩杆件截面内力

【项目概述】

任何结构都是由许多个构件连接而成的，各个构件受力以后都会产生变形。构件的基本变形形式有轴向拉伸与压缩、剪切、扭转、弯曲等四种形式。本项目主要介绍构件产生轴向拉伸与压缩变形时的内力计算和强度计算问题。

【项目目标】

通过学习，你将：

√ 能辨别杆件的四种基本变形；

√ 会计算轴向拉伸与压缩杆件横截面上的内力，并绘制其内力图；

√ 会计算轴向拉伸与压缩杆件横截面上的正应力强度问题；

√ 理解压杆稳定性、临界力、柔度等概念，了解提高压杆稳定性的措施*。

任务 3.1 认识杆件的四种基本变形

【任务描述】

构件在不同的外力作用下，其变形形式是复杂多样的，它与外力的施加方式有关。无论何种形式的变形，都可归纳为四种基本变形之一，或者是基本变形的组合。本任务是认识构件四种基本变形的受力特点和变形特点。

【任务实施】

1. 杆件的概念及其分类

实际工程结构中的许多受力构件如桥梁、汽车传动轴、房屋的梁、柱等，其长度方向的尺寸远远大于横截面尺寸，力学的研究中将这一类的构件统称为杆件。

杆的所有横截面形心的连线，称为杆的轴线，若轴线为直线，则称为直杆；轴线为曲线，则称为曲杆。横截面的形状和尺寸都相同的杆称为等截面杆，否则称为变截面杆。

2. 杆件的四种基本变形及受力特点

(1) 轴向拉伸与压缩

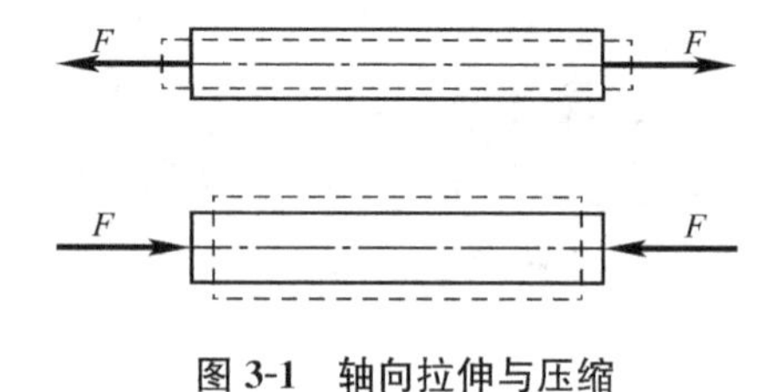

图 3-1　轴向拉伸与压缩

杆件受到一对大小相等、方向相反、作用线与杆轴线重合的外力作用时，将产生轴向伸长或缩短变形，这种变形称为轴向拉伸与压缩，如图 3-1 所示。工程结构中悬索桥的吊杆、千斤顶等均是轴向拉伸与压缩的实例，如图 3-2 所示。

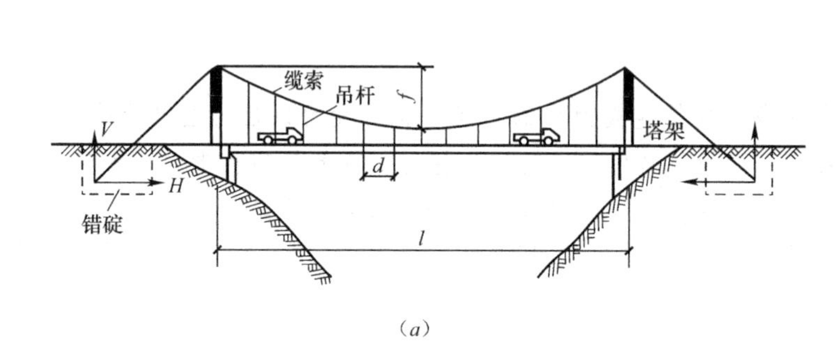

(a)

(b)

图 3-2　工程实例

(2) 剪切

杆件受到一对大小相等、方向相反、作用线相距很近的横向外力作用时，杆件的横截面将沿着外力作用方向发生相对的错动变形，这种变形称为剪切，如图 3-3 所示。消防救援工具电动钢筋剪断器（图 3-4）就是利用了剪切的原理将钢筋快速剪断。

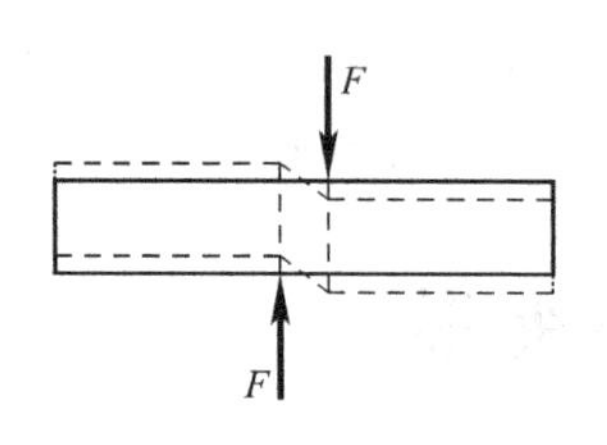

图 3-3　剪切变形

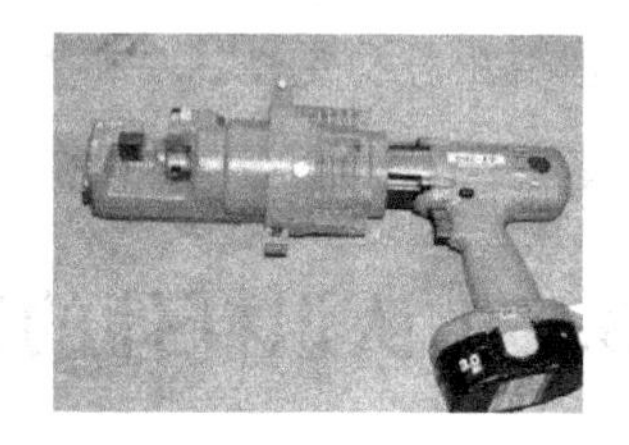

图 3-4　电动钢筋剪断器

(3) 扭转

杆件受到一对大小相等、转向相反、作用面与杆轴线垂直的力偶作用时，杆件的横截面将沿外力作用方向发生相对转动变形，如图 3-5 所示。图 3-6 所示为用螺丝刀拧螺钉，螺丝刀杆就是扭转变形的杆件。

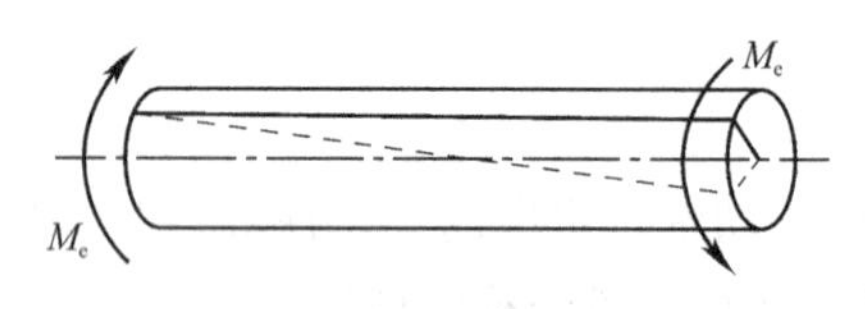

图 3-5　扭转变形

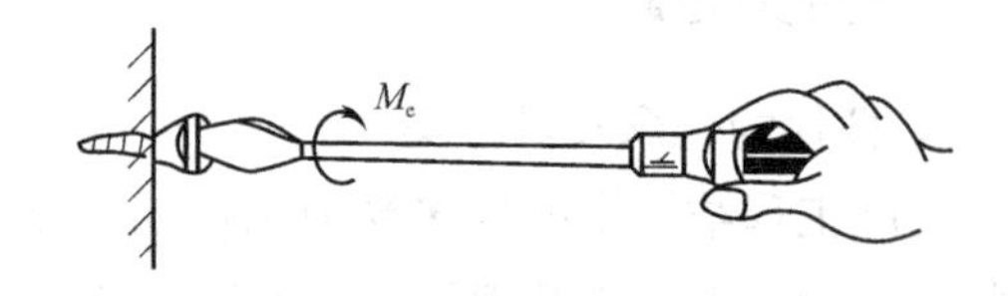

图 3-6　螺丝刀拧螺钉

（4）弯曲

当杆件受到垂直于杆轴线的横向荷载作用时，杆的轴线由直线弯曲成曲线，这种变形称为弯曲变形，如图 3-7 所示。市政工程中的桥梁（图 3-8）就是产生弯曲变形的工程实例。

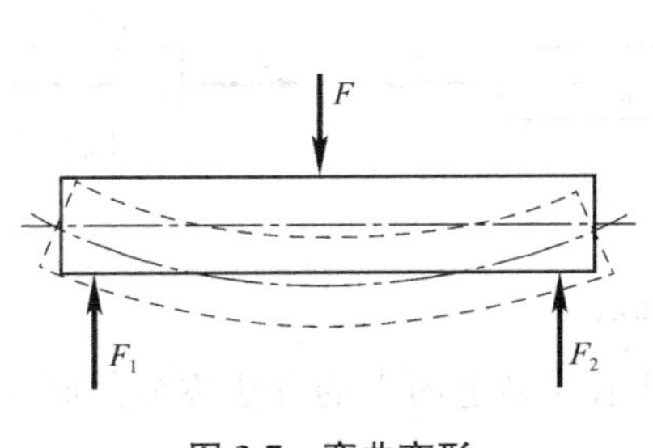

图 3-7 弯曲变形

图 3-8 桥梁

【任务布置】

1. 杆件的几何特征是什么？什么是等截面直杆？

2. 杆件的基本变形形式有哪几种？

任务 3.2 计算轴向拉伸与压缩杆件横截面上的内力

【任务描述】

在研究杆件破坏问题时，内力这个因素至关重要，需要知道杆件在已知外力作用下某截面的内力值。本任务是理解内力的概念，学会计算轴向拉伸与压缩杆件横截面上的内力。

【任务实施】

1. 内力的概念

在研究构件的平衡问题时，把构件受到的荷载和支座反力称为外力。

构件在外力作用下，其形式和尺寸都要发生变化，即产生变形。构件为反抗外力引起的变形而产生的内部各部分之间的相互作用力称为内力。

内力是由外力而引起的，外力增大，内力也增大。但对于物体材料而言，内力的变化是有一定限度的，不能随着外力的增大而无限增加。当内力大到一定限度时，构件就会破坏，因此，研究构件的承载力就必须研究构件的内力。

2. 用截面法计算内力

截面法是确定杆件内力的基本方法。如图 3-9（*a*）所示拉杆，欲求该杆任一截面 m—m 上的内力，可沿此截面将杆件假想分为Ⅰ和Ⅱ两部分，任取其中一部分（Ⅰ部分）为研究对象，如图 3-9（*b*）所示。弃去Ⅱ部分对Ⅰ部分的作用力，用 F_N 表示。物体整个杆件处于平衡状态，故截开后各部分仍应保持平衡。根据平衡方程 $\Sigma F_x=0$，$F_N-F=0$，

得 $F_N=F$。

同样，若取Ⅱ部分为研究对象，受力图如图 3-9（*c*）所示，根据平衡方程 $\Sigma F_x=0$，$-F'_N+F=0$，得 $F'_N=F$，与前面的结论相同。因此，用截面法求解杆件的内力，可以任取其中一部分为研究对象。为了计算的简便，通常取受力比较简单部分进行分析计算。

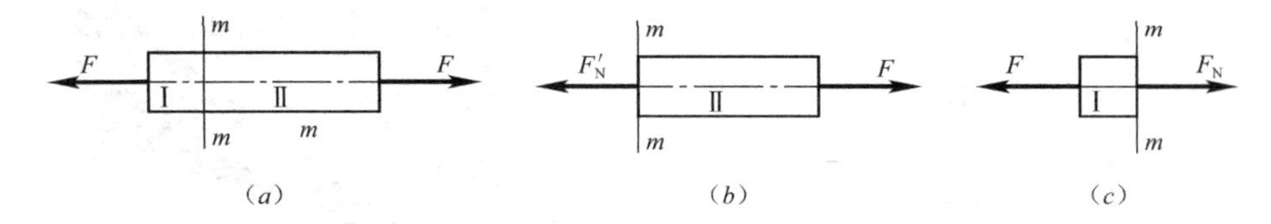

图 3-9　截面法

上述用截面假想地把杆件分成两部分，以显示并确定内力的方法称为截面法。其过程可分为以下三个步骤：

（1）截取——在需要求内力的截面处，假想用一垂直于杆件轴线的截面把杆件分成两个部分，选取其中任一部分作为研究对象。

（2）代替——将弃去的那一部分对研究对象的作用力用截面上的内力代替。

（3）平衡——根据内力与外力平衡，建立静力平衡方程，由此求出截面上内力的大小和方向。

3. 轴力的正负号规定

由于轴向拉（压）杆件的外力沿着杆轴线作用，内力必然也沿着杆轴线作用，力学中把与杆轴线重合的内力称为轴力，用字母 F_N 表示，常用单位为 N 或者 kN。

轴力的正负号规定：使杆件产生拉伸变形的轴力为正，产生压缩变形的轴力为负。

【例 3-1】 如图 3-10（*a*）所示等截面直杆 *AB*，沿轴向受 $F_1=4\text{kN}$、$F_2=6\text{kN}$、$F_3=2\text{kN}$ 的作用，试求杆各段的轴力。

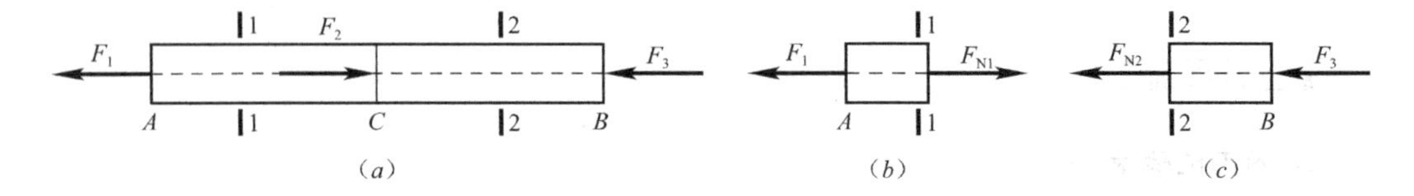

图 3-10　【例 3-1】图

【解】 通过分析可知，杆件 *AC* 和 *CB* 段的轴力不同，因而需要分段进行研究。

（1）计算杆件 *AC* 段轴力

用截面 1-1 将杆件截开，取左段为研究对象，将右段对左段的作用以内力 F_{N1} 代替，假定该轴力为拉力，受力图如图 3-10（*b*）所示。根据平衡方程：

$$\Sigma F_x=0,-F_1+F_{N1}=0,F_{N1}=F_1=4\text{kN}(\text{拉力})$$

（2）计算杆件 *CB* 段的轴力

用 2-2 截面将杆件截开，取右段为研究对象，将左段对右段的作用用内力 F_{N2} 代替，假定为拉力，受力图如图 3-10（*c*）所示。根据平衡方程：

$$\Sigma F_x=0,-F_{N2}-F_3=0,F_{N2}=-F_3=-2\text{kN}(\text{压力})$$

分析以上计算过程，可总结出轴力计算规律如下：

(1) 杆件任一横截面上的轴力，等于该截面一侧（左侧或右侧）杆件上所有轴向外力的代数和。在代数和中，外力为拉力时取正，为压力时取负。

(2) 通常选取受力简单的部分为研究对象。

(3) 计算杆件某段轴力时，不能在外力作用点处截开。

(4) 截面上的轴力一般先按拉力假设，当计算结果为正时，说明假设方向正确，也说明轴力为拉力；若计算结果为负时，说明假设方向相反，也说明轴力为压力。

【例 3-2】 如图 3-11 所示杆件，已知 $F_1=10\text{kN}$、$F_2=40\text{kN}$、$F_3=30\text{kN}$，试求杆各段的轴力。

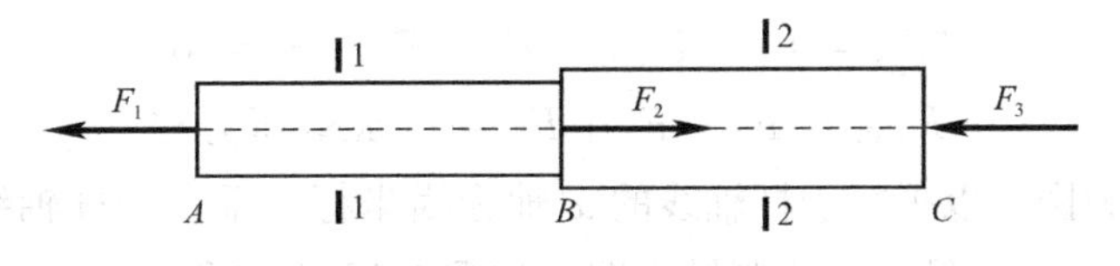

图 3-11 【例 3-2】图

【解】 用计算轴力的规律求杆件各段的轴力，取 1-1 截面、2-2 截面左侧计算轴力。

$$F_{NAB}=F_1=10\text{kN}(\text{拉力})$$

$$F_{NBC}=F_1-F_2=-30\text{kN}(\text{压力})$$

4. 绘制轴力图

为了形象地表明轴力沿杆轴线变化情况，通常需要绘制轴力图。用平行于杆轴线的坐标轴 x 表示杆件横截面的位置，用垂直于杆轴线的坐标轴 F_N 表示横截面上轴力的大小，以此表示轴力与横截面位置关系的几何图形，称为轴力图。

【提醒】

(1) 轴力大小应与相应杆件横截面位置对应，轴力的大小，按比例画在坐标上，并在图上标出其数值。

(2) 正轴力画在轴 x 的上方，负轴力画在 x 轴的下方。

【例 3-3】 求如图 3-12（a）所示阶梯杆各段的轴力。已知 $F_1=4\text{kN}$、$F_2=6\text{kN}$、$F_3=5\text{kN}$，试求杆各段的轴力，并绘制其轴力图。

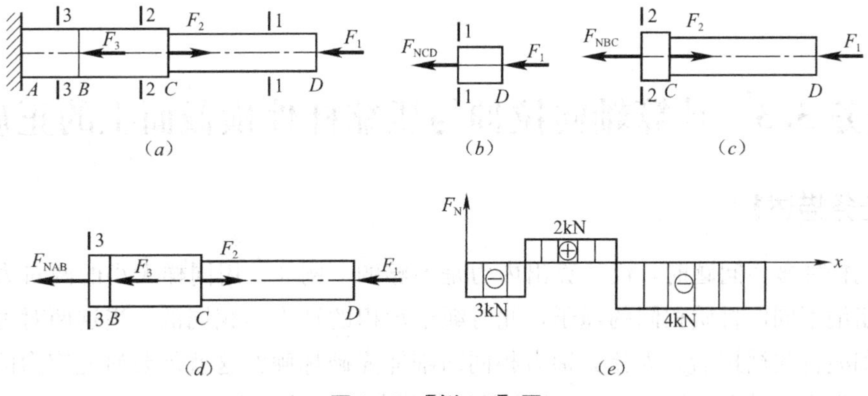

图 3-12 【例 3-3】图

【解】 经分析，该杆件分三段计算轴力，均取杆件右侧为研究对象。

（1）计算 AB 段、BC 段、CD 段轴力

CD 段：用 1-1 截面将杆件截开，受力图如图 3-12（b）所示；

$$\Sigma F_x = 0, -F_{NCD} - F_1 = 0$$

$$F_{NCD} = -F_1 - 4\text{kN}(\text{压力})$$

BC 段：用 2-2 截面将杆件截开，受力图如图 3-12（c）所示；

$$\Sigma F_x = 0, -F_{NBC} + F_2 - F_1 = 0$$

$$F_{NBC} = F_2 - F_1 = 2\text{kN}(\text{拉力})$$

AB 段：用 3-3 截面将杆件截开，受力图如图 3-12（d）所示；

$$\Sigma F_x = 0, -F_{NAB} - F_3 + F_2 - F_1 = 0$$

$$F_{NAB} = F_3 - F_2 + F_1 = -3\text{kN}(\text{压力})$$

（2）绘制轴力图。以平行于杆轴线的 x 轴为横坐标，垂直于杆轴线的 F_N 轴为纵坐标，将各段轴力标在坐标轴上，绘制轴力图。如图 3-12（e）所示。

【任务布置】

1. 轴力的计算与杆件的长度、杆件的横截面积有无关系？

2. 轴力的正负号怎么确定？

3. 用截面法计算如图 3-13（a）、（b）、（c）、（d）所示杆件指定截面上的轴力，并绘制轴力图。

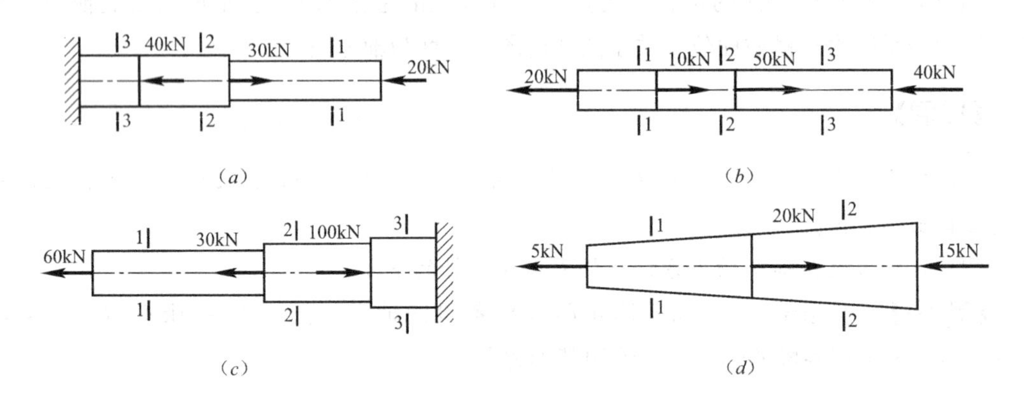

图 3-13

任务 3.3 计算轴向拉伸与压缩杆件横截面上的正应力

【任务描述】

研究杆件破坏问题时，仅计算出内力是不够的。例如，用同样大小的两对力分别去拉两根粗细不同但材质相同的绳子，此时绳子承担的轴力是相同的。当这两对力同时增大时，细绳首先被拉断。为什么轴力相同而细绳先破坏呢？这就需要研究应力问题。本任务是认识应力并会计算轴向拉伸与压缩杆件横截面上的正应力。

【任务实施】

1. 应力的概念

用截面法计算出的内力是整个截面上分布内力的合力，杆件材料是均匀连续的，内力应该是连续分布在整个截面上，所以同样大小的内力在不同截面上的分布密集程度是不同的。两根材料相同、截面面积不同、受同样大小的拉力杆件，它们的内力是相同的，随着外力增大，截面面积小的杆件会先断裂，是因为内力在小横截面积的杆件上分布的密集程度大。为此，力学中引入应力的概念。

应力是指受力杆件某一截面上某一点处的内力分布集度。应力是矢量，用 p 表示。一般应力 p 与截面既不垂直也不相切，为了计算方便，通常将应力分解为垂直于截面法向分量 σ（正应力）和相切于截面的切向分量 τ（切应力）。如图 3-14 所示，某截面 K 点的应力。

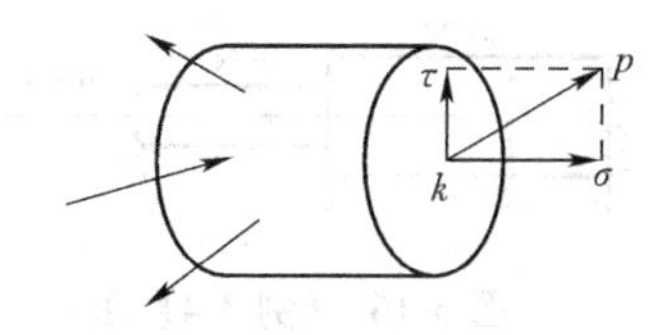

图 3-14　应力

应力的单位为帕斯卡，简称帕，用符号“Pa”表示；$1\text{Pa}=1\text{N/m}^2$，工程中常采用千帕（kPa）、兆帕（MPa）和吉帕（GPa）为单位；其中 $1\text{kPa}=10^3\text{Pa}$，$1\text{MPa}=10^6\text{Pa}$，$1\text{GPa}=10^9\text{Pa}$。

在工程图纸上，长度常采用 mm 作为单位，则 $1\text{MPa}=10^6\text{N/m}^2=1\text{N/mm}^2$。

2. 计算轴向拉伸与压缩杆件横截面上的正应力

应力在截面上的分布情况不能直接观察到，但内力与变形有关，因此可通过变形来推测应力的分布。计算轴向拉伸与压缩杆件横截面上的应力，通常采用实验观察受力杆件的变形情况。

取一等截面直杆，在其表面沿杆轴线方向和垂直杆轴线方向画上若干纵向线和横向线，如图 3-15（a）所示。然后沿杆轴线方向作用拉力 F，使杆件产生轴向拉伸变形，此时可以观察到：杆件表面上所有纵向线伸长了；横向线仍保持直线垂直于杆轴线，只是相对平移了一段距离，如图 3-15（b）所示。根据这一观察到的现象，提出以下假设及推论：

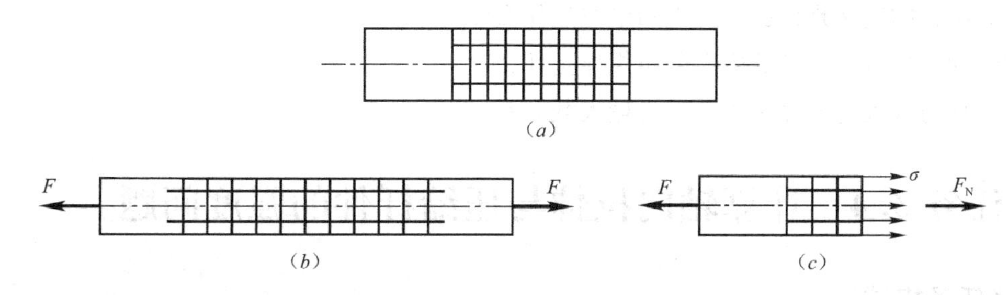

图 3-15　正应力在轴向拉压杆横截面上的分布情况

（1）平面假设：假设变形前为平面的横截面，变形后仍保持为平面。

（2）假设杆件是由无数纵向纤维组成，由平面假设可知，任意两个横截面之间所有纵向纤维都伸长了相同的长度。

当变形相同时，受力也相同，因此拉杆横截面上的内力是均匀分布的，故各点处的应力大小相等，且方向垂直于横截面，如图 3-15（c）所示。

由上述实验可得结论：轴向拉（压）时，杆件横截面上各点处只有正应力，且大小相等。则横截面上的正应力计算公式为：

$$\sigma = \frac{F_N}{A} \tag{3-1}$$

式中　F_N——横截面上的轴力；

A——杆件横截面面积。

正应力的正负号规定如下：拉应力为正号；压应力为负号。

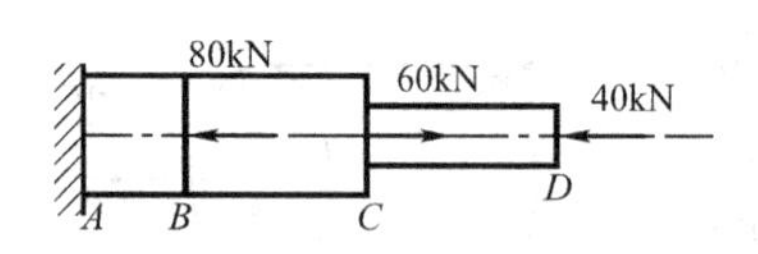

图 3-16 【例 3-4】图

【例 3-4】 如图 3-16 所示阶梯形杆件，已知 $A_1=400mm^2$、$A_2=200mm^2$，试计算杆件各段横截面的正应力，求出最大正应力。

【解】（1）根据截面法计算轴力规律计算杆件各段轴力

$$F_{NAB}=-40+60-80=-60kN,\quad F_{NBC}=-40+60=200kN$$

$$F_{NCD}=-40kN$$

（2）计算杆件各段横截面正应力

AB 段：$$\sigma_{AB}=\frac{F_{NAB}}{A_1}=\frac{-60\times10^3}{400}-150MPa(压应力)$$

BC 段：$$\sigma_{BC}=\frac{F_{NBC}}{A_1}=\frac{20\times10^3}{400}50MPa(拉应力)$$

CD 段：$$\sigma_{CD}=\frac{F_{NCD}}{A_1}=\frac{-40\times10^3}{200}-200MPa(压应力)$$

（3）最大正应力在 CD 段横截面上，且为压应力

$$\sigma_{max}=\sigma_{CD}=-200MPa(压应力)$$

【任务布置】

1. 应力的定义是什么？应力的单位是什么？
2. 轴向拉（压）杆的应力分布规律是什么？
3. 轴力最大的截面是不是应力最大截面？

任务 3.4　计算轴向拉伸与压缩杆件的强度问题

【任务描述】

杆件丧失正常工作能力时的应力，称为极限应力，用字母 σ^0 表示，杆件应力达到此值时，杆件会断裂或产生过大的变形，从而不能安全正常的工作，即杆件破坏。杆件抵抗破坏的能力称为强度。杆件在工作条件下不发生破坏，说明该杆件具有抵抗破坏的能力，满足强度要求。本任务是计算轴向拉伸与压缩杆件的强度问题。

【任务实施】

1. 许用应力的概念

为了保证构件安全正常工作，构件在荷载作用下的实际工作应力不超过材料的极限应力。为了确保安全，杆件还应有一定的安全储备。因此，在强度计算中，把极限应力 σ^0 除以一个大于 1 的系数 n，得到的应力值称为许用应力，用 $[\sigma]$ 表示，即

$$[\sigma]=\frac{\sigma^0}{n} \tag{3-2}$$

式中：n 为大于 1 的安全系数。

许用拉应力用 $[\sigma_t]$ 表示，许用压应力用 $[\sigma_c]$ 表示。各种材料安全系数 n 的取值，可在有关设计规范中查得。

2. 轴向拉伸与压缩杆件的强度条件

为了保证杆件安全工作，不致因强度不足而破坏，杆件内最大工作应力必须小于许用应力，即：

$$\sigma_{max}=\frac{F_N}{A}\leqslant[\sigma] \tag{3-3}$$

式（3-3）为拉（压）杆的强度条件。

【提醒】

（1）对于等截面直杆，轴力最大的截面即为正应力最大的截面，式（3-3）可表示为 $\sigma_{max}=\frac{F_{Nmax}}{A}\leqslant[\sigma]$。

（2）对于变截面杆，应考虑轴力和横截面两个因素，确定最大正应力截面。

根据强度条件，可解决杆件强度计算的三类问题：

（1）强度校核

已知拉（压）杆所受荷载及横截面面积，材料的许用应力，可用式（3-3）判别杆件是否满足强度要求。

（2）设计截面尺寸*

已知拉（压）杆所受荷载及材料的许用应力，根据式（3-3）强度条件可得：

$$A\geqslant\frac{F_{Nmax}}{[\sigma]} \tag{3-4}$$

在计算出最小截面面积后，可再根据实际情况确定截面形状和尺寸。

（3）确定许可荷载

已知拉（压）杆的横截面面积及材料的许用应力，根据式（3-3）可求得杆件所能承受的最大轴力为：

$$F_{Nmax}\leqslant A[\sigma] \tag{3-5}$$

再根据杆件平衡条件确定许可荷载值。

【例 3-5】 起重吊钩的上端借螺母固定，如图 3-17 所示，若吊钩螺栓内径 $d=60$mm，$F=200$kN，材料的许用应力 $[\sigma]=160$MPa，试校核螺栓部分的强度。

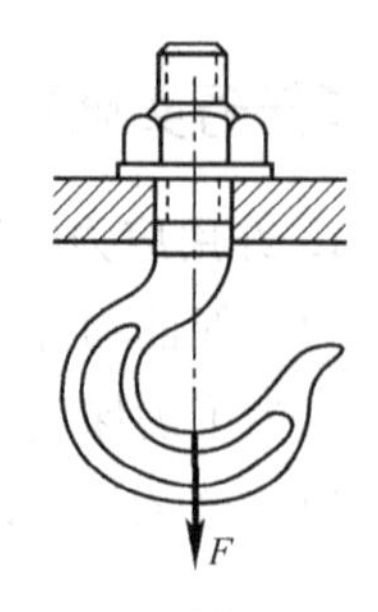

图 3-17 【例 3-5】图

【解】 螺栓内径的面积：$A=\frac{\pi d^2}{4}=\frac{3.14\times 60^2}{4}=2826\text{mm}^2$

螺栓横截面的轴力：$F_{\text{Nmax}}=200\text{kN}$

$$\sigma_{\max}=\frac{F_{\text{Nmax}}}{A}=\frac{200\times 10^3}{2826}=70.77\text{MPa}<[\sigma]=160\text{MPa}$$

因此，吊钩螺栓部分安全。

【例 3-6】 如图 3-18（*a*）所示三角托架，*AC* 为圆钢杆，许用应力 $[\sigma]=160\text{MPa}$，*BC* 为方木杆，$F=60\text{kN}$，试选择钢杆直径 *d*。

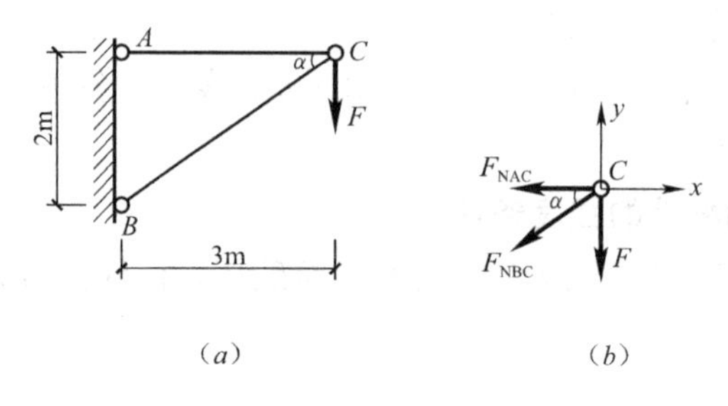

图 3-18 【例 3-5】图

【解】（1）计算轴力。取节点 *C* 为研究对象，受力图如图 3-18（*b*）所示，假设 *AC*、*BC* 为拉杆，由静力平衡条件得：

$$\Sigma F_y=0 \qquad -F_{\text{NBC}}\cdot\sin\alpha-F=0$$

$$F_{\text{NBC}}=-\frac{F}{\sin\alpha}=-\frac{60}{2/\sqrt{13}}=-108\text{kN}(\text{压力})$$

$$\Sigma F_x=0 \qquad -F_{\text{NBC}}\cdot\cos\alpha-F_{\text{NAC}}=0$$

$$F_{\text{NAC}}=-F_{\text{NBC}}\cdot\cos\alpha=\frac{F}{\sin\alpha}\cdot\cos\alpha=90\text{kN}(\text{拉力})$$

（2）设计截面

钢杆横截面面积：$A=\frac{\pi d^2}{4}$，$A\geqslant\frac{F_{\text{NAC}}}{[\sigma]}$

$$d\geqslant\sqrt{\frac{4\cdot F_{\text{NAC}}}{\pi[\sigma]}}=\sqrt{\frac{4\times 90\times 10^3}{3.14\times 160}}=26.8\text{mm},\text{取 } d=28\text{mm}$$

【提醒】 在截面设计中，计算截面尺寸的最终值一般要取整数，有时需根据构件模数取值。

【任务布置】

1. 许用应力的概念。

2. 两根横截面积相同、受力相同但材料不同的轴向拉杆，其横截面上的正应力是否相同？

3. 如图 3-18（*a*）所示三角托架，*AC* 为圆截面钢杆，$d=30\text{mm}$，材料的许用应力 $[\sigma]_1=160\text{MPa}$；*BC* 为正方形截面木杆，材料的许用应力 $[\sigma]_2=6\text{MPa}$，荷载 $F=60\text{kN}$，杆件不计自重。试校核 *AC* 杆的强度，并确定 *BC* 杆的截面边长 *a*。

任务 3.5　计算轴向拉伸与压缩杆件的变形

【任务描述】

杆件抵抗变形的能力称为刚度。杆件在工作条件下所产生的变形不能超过工程允许的范围，否则就不满足刚度要求。本任务是计算轴向拉伸与压缩杆件的变形。

【任务实施】

1. 弹性变形与塑性变形

弹性变形是指材料在受到外力作用时产生变形或者尺寸的变化，当外力撤除后能够随之消失的变形；塑性变形是指当施加的外力撤除或消失后，不能消失而残留下来的变形。

2. 胡克定律

杆件受轴向力作用时，沿杆轴线方向会产生伸长（或缩短），称为纵向变形；同时杆件的横向尺寸将减小（或增大），称为横向变形，如图 3-19 所示。

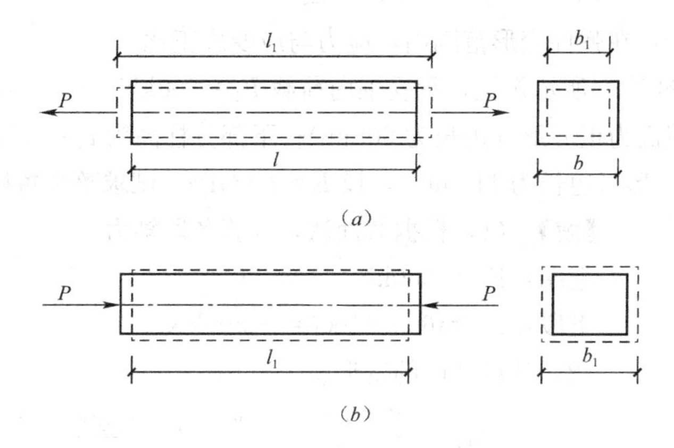

图 3-19　伸长和缩短变形

设杆件原长为 l，变形后长为 l_1，则杆的纵向变形为（纵向伸长量）$\Delta l = l_1 - l$，拉伸时 Δl 取正，压缩时取负。

纵向变形 Δl 为绝对变形，其大小受杆件的原长影响，因此杆件的变形通常用相对变形表示。

$$\varepsilon = \frac{\Delta l}{l} \tag{3-6}$$

式中：ε 为纵向线应变，是量纲为 1 的量。

实验证明，在材料弹性变形范围内，轴向拉（压）杆的纵向变形 Δl 与杆的轴力 F_N 和杆件原长 l 成正比，而与杆件的横截面积 A 成反比，即：

$$\Delta l \propto \frac{F_N l}{A}$$

引入比例常数 E，上式可写成

$$\Delta l=\frac{F_{N}l}{EA} \tag{3-7}$$

式（3-7）为胡克定律的数学表达式。E 称为材料的弹性模量，常用单位为兆帕（MPa）。各种材料的 E 值由试验测定。常用材料的 E 值见表 3-1。

常用材料的 E 值 **表 3-1**

材料名称	弹性模量 E（GPa）	材料名称	弹性模量 E（GPa）
碳钢	200～220	16 锰钢	200～220
铸铁	115～160	铜及其合金	74～130
铝及硬铝合金	71	花岗岩	49
混凝土	14.6～36	木材（顺纹）	10～12

由式（3-7）可知，对长度相同，受力相等的轴向拉压杆件，EA 越大，变形 Δl 越小；反之，EA 越小，变形 Δl 越大，故 EA 称为杆件的抗拉压刚度。

将 $\sigma=\frac{F_{N}}{A}$，$\varepsilon=\frac{\Delta l}{l}$代入式（3-7），可得到胡可定律的另一种表达形式：

$$\sigma=E\varepsilon \tag{3-8}$$

式（3-8）说明：在弹性变形范围内，应力与应变成正比。

【例 3-7】 如图 3-20 所示短柱，承受轴向荷载 $F_1=600\text{kN}$，$F_2=1000\text{kN}$ 作用，上部柱高 $l_1=0.6\text{m}$，截面为正方形（边长为 60mm）；下部分柱高为 $l_2=0.5\text{m}$，截面也为正方形（边长为 110mm），设 $E=200\text{GPa}$，试求整个短柱的纵向变形量。

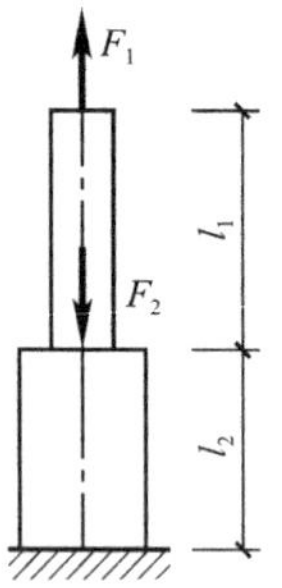

图 3-20 【例 3-7】图

【解】（1）根据截面法，计算各段轴力

上端：$F_{N1}=600\text{kN}$

下段：$F_{N2}=600-1000=-400\text{kN}$

（2）计算各段的变形量

$$\Delta l_1=\frac{F_{N1}\cdot l_1}{\text{E}\cdot \text{A}_1}=\frac{600\times10^3\times600}{200\times10^3\times60^2}=0.5\text{mm}$$

$$\Delta l_2=\frac{F_{N2}\cdot l_2}{\text{E}\cdot \text{A}_2}=\frac{-400\times10^3\times500}{200\times10^3\times110^2}=-0.083\text{mm}$$

短柱总的变形量为：$\Delta l=\Delta l_1+\Delta l_2=0.5-0.083=0.417\text{mm}$

【任务布置】

1. 什么是弹性变形？什么是塑性变形？

2. 如图 3-21 所示，横截面为正方形的等截面直杆（边长为 10mm），已知 $F_1=20\text{kN}$、$F_2=40\text{kN}$、$F_3=80\text{kN}$，求杆件总的变形量。

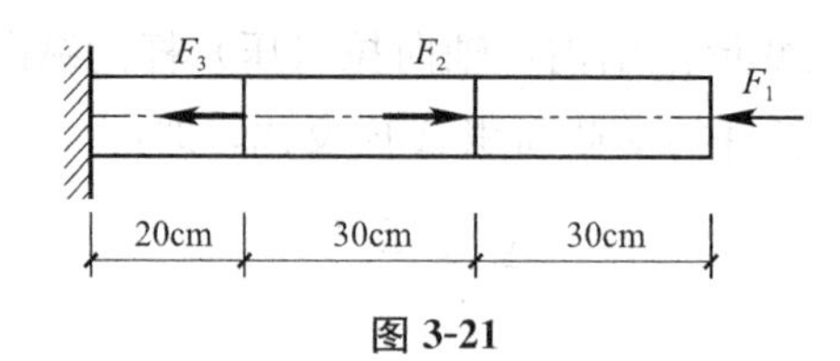

图 3-21

任务 3.6 压杆的稳定*

【任务描述】

在计算轴向受压直杆的强度问题时，仅考虑压杆的强度条件，即当压杆最大正应力达到材料的许用应力时，杆件就发生破坏。工程实践表明这样计算对短粗压杆是可行的，但对于细长压杆则不行。多数受压细长杆的破坏并不是强度破坏，而是当荷载增大到一定数值时，杆件不能保持原有的直线平衡状态突然变弯而破坏，即失稳破坏。本任务是掌握失稳的概念，会用欧拉公式计算稳定性问题。

【任务实施】

1. 压杆的失稳

由于压杆失稳时的轴向压力远远低于强度计算时的破坏荷载，因而失稳现象常是突然发生，在结构中受压杆件的失稳造成的后果较为严重。如图 3-22 所示，1907 年加拿大魁北克省圣劳伦斯河上，一座长 548m 的钢桁架结构大桥，在施工中就是因为桥中两根受压弦杆丧失了保持其原有直线形式平衡状态的能力，从而造成了整个大桥突然倒塌。

图 3-22 失稳破坏工程实例

轴向压杆保持其原有直线平衡状态的能力称为压杆的稳定性。压杆在一定轴向压力作用下不能保持其原有直线平衡状态而突然弯曲的现象称为压杆丧失稳定性，简称失稳。

2. 临界力

在研究压杆稳定时，通常将压杆抽象为由均质材料制成、轴线为直线且外加压力的作用线与压杆轴线重合的轴心受压直杆（又称为理想压杆）。如图 3-23（a）所示为一根轴心受压直杆；如图 3-23（b）所示，当轴向压力 F 小于某一特定界限值时，给压杆施加一微小的横向干扰力使压杆产生微小弯曲，解除干扰力后压杆将恢复其原来的直线平衡状态，这种能保持原有的直线平衡状态称为稳定平衡；如图 3-23（d）所示，当轴向压力 F 超过某一特定界限值 F_{cr}时，解除干扰力后压杆的弯曲将继续加大，直至发生弯折破坏，此时压杆直线形状的平衡状态是不稳定的平衡状态；如图 3-23（c）所示，当轴向压力 F 等于某一特定界限值时，解除干扰力后压杆维持微弯状态不变，此时压杆直线形状的平衡状态是临界平衡状态。压杆在临界平衡状态时所受的极限压力称为临界力，用 F_{cr}表示。

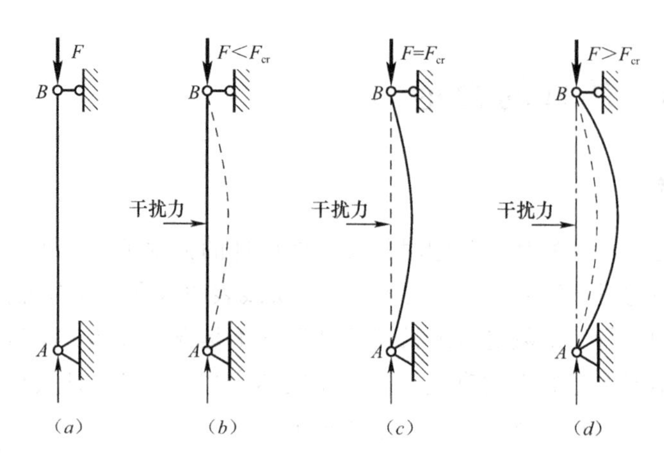

图 3-23 临界状态

在材料服从胡克定律的条件下，可推导出临界力 F_{cr} 的计算公式——欧拉公式，即：

$$F_{cr}=\frac{\pi^2 EI}{(\mu l)^2} \tag{3-9}$$

式中 E——压杆材料的弹性模量；

I——压杆横截面的惯性矩；

μ——压杆的长度系数，其值由杆端约束情况决定，见表 3-2；

l——压杆的实际长度；

μl——压杆的计算长度。

式（3-9）中 EI 为杆件的抗弯刚度。压杆失稳时，总是绕抗弯刚度最小的轴发生弯曲变形，因此式中 I 应为截面最小的惯性矩 I_{min}。

压杆长度系数 表 3-2

压杆两端约束情况	两端固定	一端固定一端铰支	两端铰支	一端固定一端自由
长度系数 μ	0.5	0.7	1	2

3. 临界应力

当压杆在临界荷载 F_{cr} 作用下，仍处于直线状态的平衡时，横截面上的正应力称为临界应力 σ_{cr}。压杆在弹性范围内失稳时，则细长压杆的临界应力为

$$\sigma_{cr}=\frac{F_{cr}}{A} \tag{3-10}$$

将式（3-9）代入（3-10）得：

$$\sigma_{cr}=\frac{F_{cr}}{A}=\frac{\pi^2 EI}{(\mu l)^2 A}\text{，引入惯性半径 } i=\sqrt{\frac{I}{A}}\text{，即：}$$

$$\sigma_{cr}=\frac{\pi^2 E}{\left(\frac{\mu l}{i}\right)^2} \tag{3-11}$$

令 $\lambda=\frac{\mu l}{i}$，则有

$$\sigma_{cr}=\frac{\pi^2 E}{(\lambda)^2} \tag{3-12}$$

式（3-12）中 λ 称为压杆的柔度或长细比，它是一个无量纲量，综合反映了压杆的横截面几何尺寸和杆端约束对临界应力的影响。λ 越大，杆越细长，σ_{cr}越小，F_{cr}也越小，杆越容易失稳；λ 越小，σ_{cr}越大，F_{cr}也越大，杆越稳定。

4. 欧拉公式适用条件

欧拉公式是在材料服从胡克定律的条件下推导出来的，因此，临界应力 σ_{cr}不应超过材料的比例极限 σ_p，即

$$\sigma_{cr}=\frac{\pi^2 E}{\lambda^2}\leqslant\sigma_p \quad 或 \quad \lambda\geqslant\pi\sqrt{\frac{E}{\sigma_p}}$$

若设 λ_p 为压杆的临界应力达到材料的比例极限时的柔度，则

$$\lambda_p=\pi\sqrt{\frac{E}{\sigma_p}} \tag{3-13}$$

故欧拉公式的适用范围为

$$\lambda\geqslant\lambda_p \tag{3-14}$$

式（3-14）表明，当压杆的柔度 λ 大于 λ_p 时，才可以应用欧拉公式计算临界力或临界应力，这类压杆称为大柔度杆或细长杆。

【例 3-8】 两端铰支的轴心受压直杆，杆长 $l=800$mm，杆横截面为圆形，直径 $d=16$mm，材料为 $Q235$ 钢，$E=200$GPa，$\lambda_p=123$，试计算该杆的临界力和临界应力。

【解】

（1）计算压杆柔度 λ

圆截面 $I=\frac{\pi d^4}{64}$，$A=\frac{\pi d^2}{4}$，$i=\sqrt{\frac{I}{A}}=\frac{d}{4}=\frac{16}{4}=4\text{mm}$

压杆两端铰支时 $\mu=1$

$$\lambda=\frac{\mu l}{i}=\frac{1\times800}{4}=200>\lambda_p=123$$

说明该压杆属于大柔度杆，可采用欧拉公式计算临界力和临界应力。

（2）计算临界应力和临界力

$$\sigma_{cr}=\frac{\pi^2 E}{\lambda^2}=\frac{3.14^2\times200\times10^3}{200^2}=49.35\text{MPa}$$

$$F_{cr}=\sigma_{cr}A=49.35\times\frac{3.14\times16^2}{4}=9917.38\text{N}$$

5. 提高压杆稳定性的措施

根据前面的介绍可知，影响压杆稳定性的因素有：压杆的长度、压杆的横截面形状及尺寸、压杆两端的约束情况、材料的力学性质等。因此，提高压杆稳定性也应从以下这四个方面入手：

（1）减小压杆的长度

在其他条件不变的情况下，减小压杆的长度，可以降低压杆的柔度，从而提高压杆的稳定性。如果条件允许的话，在压杆中间增加约束，也能达到提高压杆稳定性的目的。

（2）选择合理的截面形状

柔度 λ 与惯性半径 i 成反比，因此要提高压杆的稳定性，应尽量增大 i。所以要选择

合理的截面形状，就是选择$\frac{I}{A}$较大的，即在横截面积相同的条件下惯性矩愈大愈合理，选用如图 3-24 所示空心截面或组合截面等。

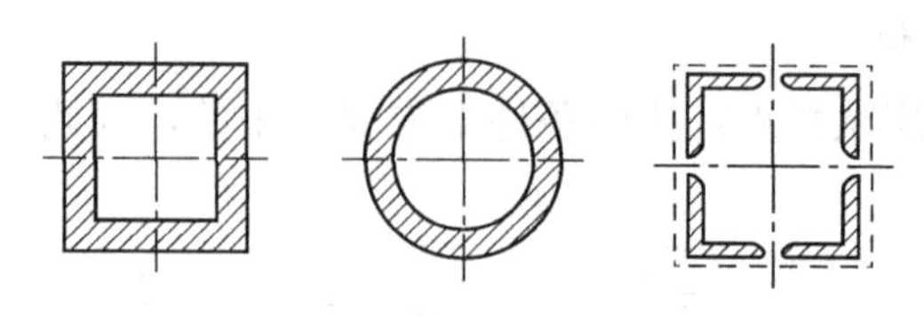

图 3-24

（3）增强压杆的两端约束

因压杆两端约束愈强，长度系数μ就愈小，则柔度λ也愈小。因此加强压杆两端的约束，可以提高压杆的稳定性，如用固定端支座代替铰支座等。

（4）合理选择材料

从欧拉公式可知，细长压杆的临界应力与材料的弹性模量E成正比。对于细长压杆，可选择E值较大的材料。

【任务布置】

1. 什么是临界力？计算临界力的欧拉公式的适用条件是什么？
2. 什么是压杆的柔度？
3. 采取哪些措施可以提高压杆稳定性？

项目小结

1. 杆件四种基本变形形式：轴向拉伸与压缩、剪切、扭转、弯曲。

2. 截面法计算杆件内力步骤

（1）截取——在需要求内力的截面处，假想用一垂直于杆件轴线的截面把杆件分成两个部分，选取其中任一部分作为研究对象。

（2）代替——将弃去的那一部分对研究对象的作用力用截面上的内力代替。

（3）平衡——根据内力与外力平衡，建立静力平衡方程，由此求出截面上内力的大小和方向。

3. 与杆轴线重合的内力称为轴力，用字母F_N表示。

轴力的正负号规定：使杆件产生拉伸变形的轴力为正，产生压缩变形的轴力为负。

4. 应力是指受力杆件某一截面上某一点处的内力分布集度。

5. 轴向拉（压）时，杆件横截面上各点处只有正应力，且大小相等。则横截面上的正应力计算公式为：$\sigma=\frac{F_N}{A}$。

6. 轴向拉伸与压缩杆件强度条件：$\sigma_{max}=\frac{F_N}{A}\leqslant[\sigma]$。

7. 轴向拉伸与压缩变形量计算公式（胡克定律）*：$\Delta l=\frac{F_N l}{EA}$。

8*. 压杆临界力的计算公式（欧拉公式）为：$F_{cr}=\frac{\pi^2 EI}{(\mu l)^2}$。

9*. 压杆临界应力的计算公式为：$\sigma_{cr}=\frac{F_{cr}}{A}=\frac{\pi^2 E}{\lambda^2}$。

10*. 欧拉公式的适用范围为：$\lambda \geqslant \lambda_p$。

11*. 提高压杆稳定的措施有：减小压杆的长度、选择合理的截面形状、增强压杆的两端约束、合理选择材料。

项目练习题

一、判断题

1. 轴向拉压杆横截面上只有正应力，且均匀分布。（　　）
2. 截面法计算杆件内力，使用真实的截面将杆件截开。（　　）
3. 绘制轴力图时，正的轴力绘制在 x 轴的下方。（　　）
4. 轴向拉压杆，横截面上不仅有正应力，而且有切应力。（　　）
5. 在弹性范围内，应力与应变成反比。（　　）
6. 最大轴力截面是进行轴向拉压杆强度校核所选取截面。（　　）

7*. 欧拉公式适用任何压杆。（　　）

8*. 根据胡克定律，轴向拉压杆伸长量与杆件的抗拉压刚度 EA 成反比。（　　）

9*. 计算压杆临界力，当杆件一段固定，一段自由时，长度系数 μ 取 0.5。（　　）

二、填空题

1. 杆件的基本变形形式有________、________、________、________。
2. 轴向拉压杆正负号规定：________为正，________为负。
3. EA 称为杆件________。
4. 轴向拉伸与压缩杆件强度条件是________。

三、计算题

1. 如图 3-25（a）、（b）所示，求杆件各段轴力，并绘制轴力图。

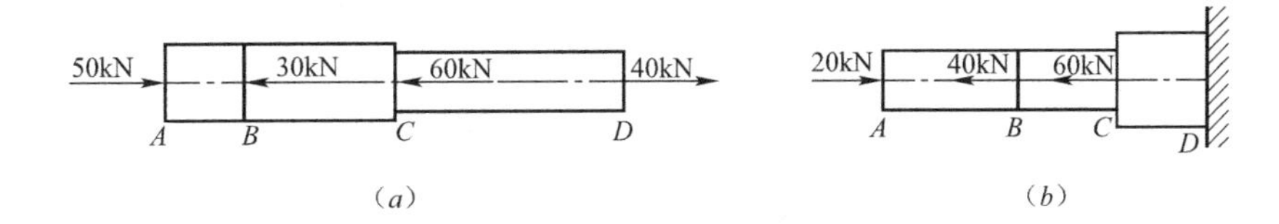

图 3-25

2. 横截面为正方形的柱如图 3-26 所示，已知上段的截面边长为 $a_1=20$cm，下段的截面边长为 $a_2=40$cm，$F=40$kN，材料的弹性模量 $E=3$GPa，柱自重忽略不计，试计算：(1) 柱上、下段的应力；(2) 柱上、下段的变形量及柱的总变形量。

3. 如图 3-27 所示铰接托架，AC 杆为 $d=16$mm 的圆形截面杆，BC 杆为边长 $a=10$mm 的方形截面木杆，$F=15$kN，AC 杆与 BC 杆夹角 $\alpha=30°$，试计算各杆横截面上的应力。

4. 用钢索匀速起吊重量为 $F_G=20$kN 的构件，如图 3-28 所示，已知钢索的直径 $d=$

20mm，许用应力 [σ]=120MPa，试校核钢索的强度。

5. 如图 3-29 所示，已知材料的许用应力 [σ]=6MPa，F=10kN 各杆自重忽略不计，试选择正方形截面木杆 BC 的截面边长 b。

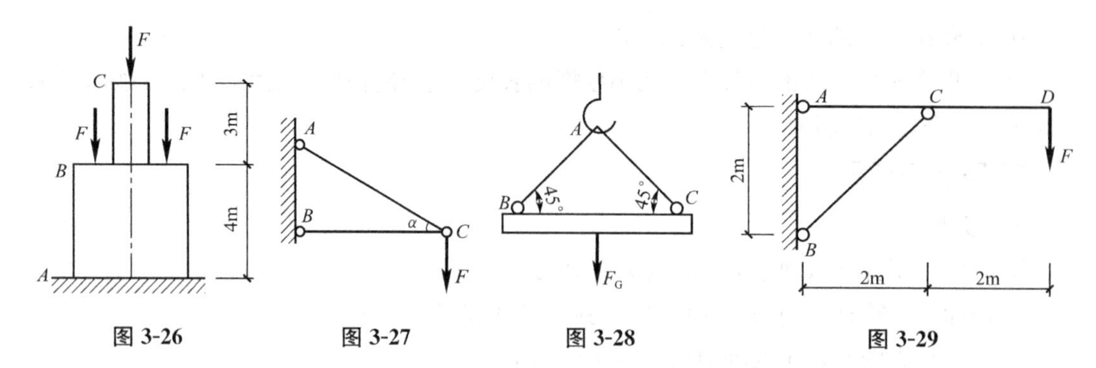

图 3-26　　图 3-27　　图 3-28　　图 3-29

6*. 一混凝土柱（可视为细长压杆），高度 l=600mm，下端与基础固结，上端与屋架铰接。柱子的截面尺寸 $b \times h$=250mm×600mm，弹性模量 E=26GPa，试计算该柱的临界力。

项目4
计算单跨静定梁截面内力

【项目概述】

市政工程中的建筑物，都是由很多构件（梁、墩、柱、基础、桁架等）相互作用组成的，梁是其中一种重要的构件形式。以桥梁工程为例，汽车荷载由桥梁传递给桥墩，再由桥墩传递给基础。为了保证整个桥梁工程的耐久性、安全性和适用性，研究梁的内力、应力及挠度计算方法就显得非常重要。

【项目目标】

通过学习，你将：

✓ 会用截面法求梁指定横截面上的内力；

✓ 会用梁内力图的规律快速地绘制单跨静定梁的内力图；

✓ 会计算单跨静定梁的弯曲正应力并校核其强度。

任务4.1 认识单跨静定梁

【任务描述】

日常生活中，两个人用扁担抬一桶水，当水较重时，扁担会发生很大的弯曲变形。工程中，以弯曲为主要变形的构件称为梁。本任务是理解平面弯曲变形，认识梁及常见的单跨静定梁形式。

【任务实施】

1. 平面弯曲变形

弯曲是日常生活中最常见的一种变形，晒着衣服的晾衣杆、起钓大鱼的钓鱼竿等，这些杆件都产生了弯曲变形。弯曲也是工程中最常见的一种基本变形，例如市政工程中的桥梁、工业厂房里的吊车梁、民用建筑中的楼板梁等在荷载作用下，也都将发生弯曲变形。

弯曲变形构件的共同受力特点是：在通过构件轴线的平面内，构件受到垂直于轴线的外力（常称为横向力）作用；其变形特点是：构件的轴线由直线变成了曲线。这种变形称为弯曲变形。工程上将以弯曲变形为主要变形的构件称为梁。梁的弯曲变形非常复杂，平面弯曲是弯曲变形的一种简单形式。

工程中常见的梁，其横截面形状有矩形、工字形和T形等，它们都有对称轴，梁横截面的对称轴和梁轴线所组成的平面称为纵向对称面。如果梁的外力和外力偶都作用在梁的纵向对称面内，那么梁轴线变形后所形成的曲线仍在该平面内，这样的弯曲变形称为平面弯曲，如图4-1所示。产生平面弯曲变形的梁，称为平面弯曲梁。平面弯曲是最常见、最简单的弯曲变形。

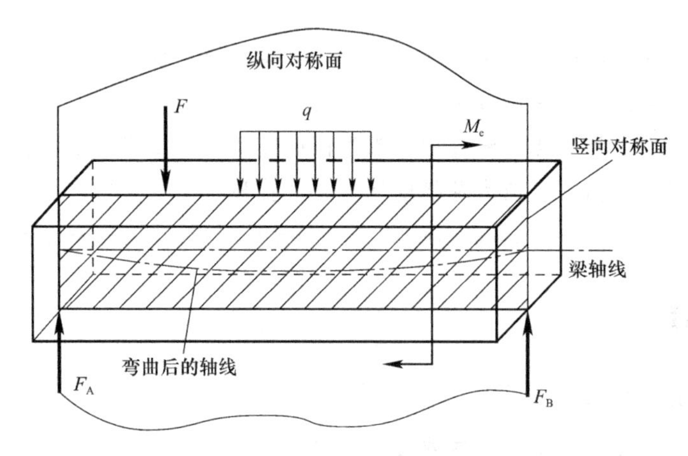

图4-1　平面弯曲梁

2. 单跨静定梁的形式

市政工程中的梁结构很复杂，完全根据实际结构进行计算也很困难。工程中常将实际结构进行简化，抓住主要特点，忽略次要因素，用一个简化的图形来代替实际结构，这种图形称为力学计算简图。如图4-2所示的公路桥梁，用轴线代表梁体，支座为典型的固定铰支座和活动铰支座，汽车前后轮给桥面的作用力简化为集中力，即得到其力学计算简图。

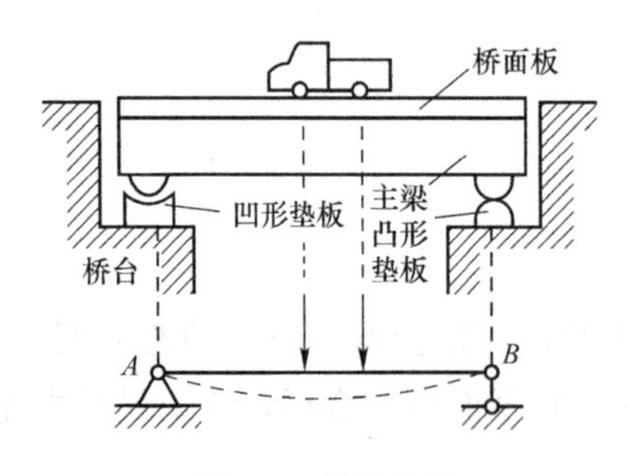

图4-2　计算简图

梁在两个支座之间的部分称为跨，其长度称为跨长或跨度。梁通常有单跨和多跨两种形式。单跨静定梁按支座情况不同分为下列三种形式：

（1）简支梁：一端为固定铰支座，另一端为可动铰支座的梁，如图4-3（*a*）所示。

（2）悬臂梁：一端固定，另一端自由的梁，如图4-3（*b*）所示。

（3）外伸梁：一端或两端伸出支座的简支梁，如图4-3（*c*）所示。

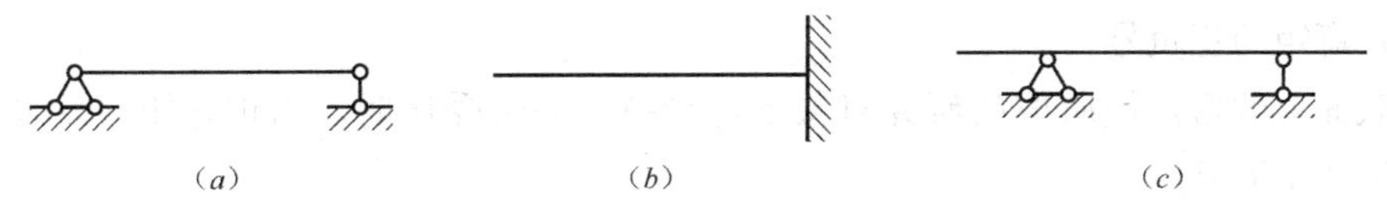

图4-3 单跨静定梁

【任务布置】

1. 请举例说明日常生活和工程中的弯曲变形。
2. 什么是平面弯曲？
3. 说出单跨静定梁的三种形式。

任务4.2 计算单跨静定梁的内力

【任务描述】

强度问题是力学的一项重要任务，为了计算梁的强度，在求出梁的支座反力后，就必须计算梁的内力。本任务是学会用截面法计算梁横截面上的内力，掌握内力计算规律。

【任务实施】

1. 计算梁的内力

计算梁内力的方法是截面法。如图4-4所示，假想截取梁的左段为研究对象，由于整根梁处于平衡状态，所以梁的左段也处于平衡状态，必然在 m-m 截面处有两种内力，即与横截面相切的内力 F_S，称为剪力，与横截面垂直的内力偶矩 M，称为弯矩。

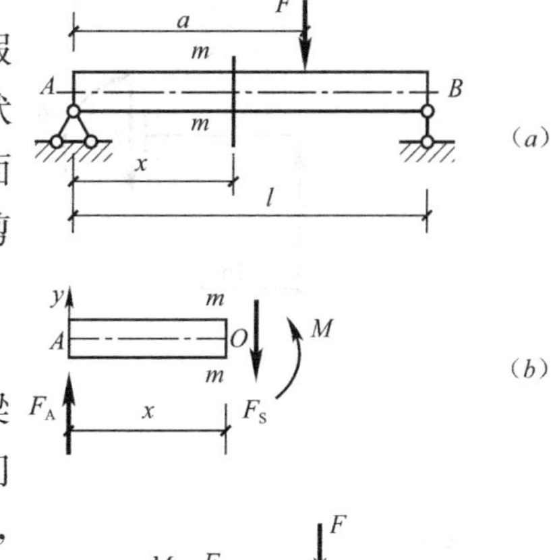

图4-4 截面法计算梁的内力

2. 剪力和弯矩的正负号规定

用截面法将梁截成两段后，在截开的截面上，梁左段内力和右段内力是一对作用力和反作用力，它们总是大小相等，方向相反。但是，对同一截面而言，不论取左段还是右段为研究对象，截面上内力的正负号应该相同，因此，对内力的正负号做如下规定。

(1) 剪力的正负号

当截面上的剪力对所取的研究对象内部任一点产生顺时针转向的力矩时，该剪力为正，反之为负，如图4-5所示。

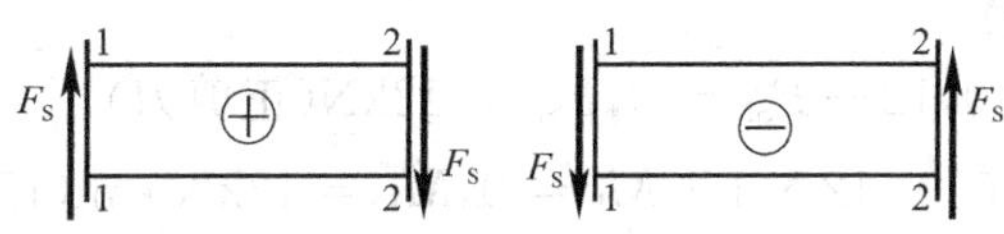

图4-5 剪力正负号示意图

（2）弯矩的正负号

当截面上的弯矩使所取的研究对象下边受拉、上边受压时，为正弯矩，反之为负弯矩，如图 4-6 所示。

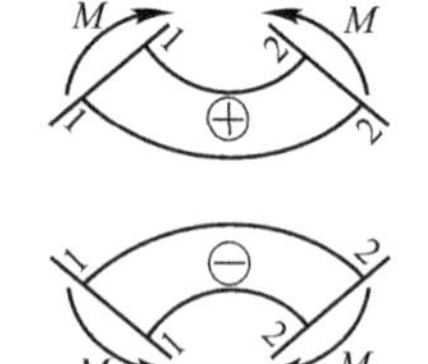

图 4-6 弯矩正负号示意图

按上述规定，不论取左梁段为隔离体还是取右梁段为隔离体，同一横截面上内力的符号总是一致的。

3. 用截面法计算梁指定截面上的内力

用截面法计算梁的内力的步骤是：

（1）计算支座反力（悬臂梁除外）；

（2）用假想的截面将梁截成两段，任取某一段为研究对象；

（3）画出研究对象的受力图；

（4）建立平衡方程，计算内力。

【例 4-1】 求如图 4-7（*a*）所示简支梁的 1-1、2-2 两个横截面上的剪力和弯矩。

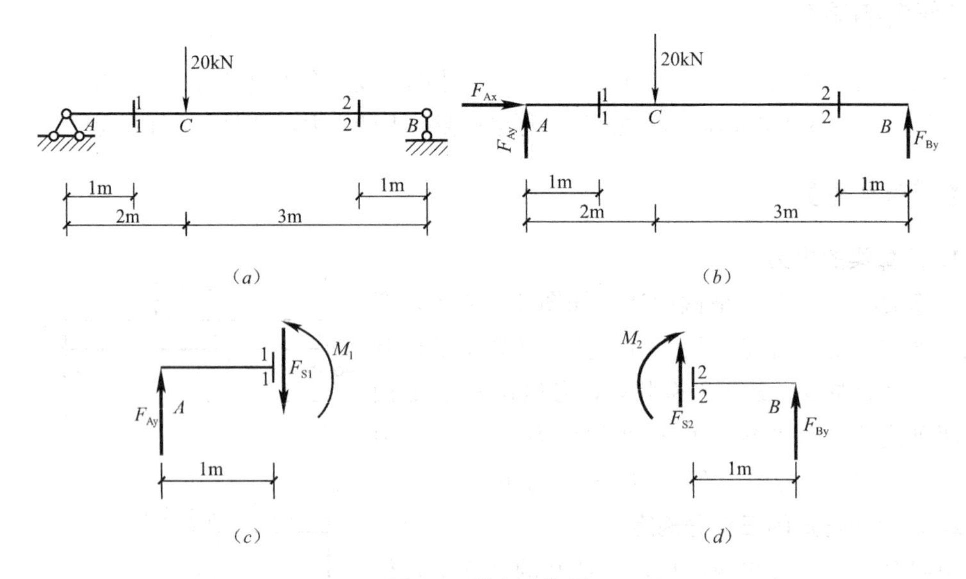

图 4-7 【例 4-1】图

【解】

（1）求支座反力。取整个梁为隔离体，其受力分析如图 4-7（*b*）所示，则有

$$\Sigma F_x = 0, F_{Ax} = 0$$

$$\Sigma M_A = 0, -20 \times 2 + F_{By} \times 5 = 0, F_{By} = 8\text{kN}(\uparrow)$$

$$\Sigma F_y = 0, F_{Ay} - 20 + F_{By} = 0, F_{Ay} = 12\text{kN}(\uparrow)$$

（2）求 1-1 截面上的剪力和弯矩。取 1-1 截面的左侧梁段为隔离体，画出其受力图，如图 4-7（*c*）所示，则有

$$\Sigma F_y = 0, 12 - F_{S1} = 0, F_{S1} = 12\text{kN(正剪力)}$$

$$\Sigma M = 0, -12 \times 1 + M_1 = 0, M_1 = 12\text{kN} \cdot \text{m(正弯矩)}$$

（3）求 2-2 截面上的剪力和弯矩。取 2-2 截面的右侧梁段为隔离体，画出其受力图，如图 4-7（*d*）所示，则有

$\Sigma F_y = 0, F_{S2} + 8 = 0, F_{S2} = -8\text{kN}$(负剪力)

$\Sigma M = 0, -M_2 + 8 \times 1 = 0, M_2 = 8\text{kN} \cdot \text{m}$(正弯矩)

【提醒】

(1) 求指定截面上的内力时，既可取梁的左段为隔离体，也可取右段为隔离体，两者计算结果一致。一般取受力比较简单的一段进行计算。

(2) 在解题时，一般在需要求内力的截面上把内力（F_S、M）假设为正号。最后计算结果是正，则表示假设的内力方向（转向）是正确的，解得的 F_S、M 即为正的剪力和弯矩。若计算结果为负，则表示该截面上的剪力和弯矩均是负的，其实际方向（转向）与所假设的相反（但不必再把脱离体图上假设的内力方向改过来）。

4. 剪力和弯矩计算规律

(1) 梁内任一截面上剪力 $\boldsymbol{F}_S$ 的大小，等于截面左边（或右边）所有与截面平行的各外力的代数和。若考虑左段为脱离体时，在此段梁上所有向上的外力会使该截面上产生正号的剪力，而所有向下的外力会使该截面上产生负号的剪力；右段时则相反。

(2) 梁内任一截面上的弯矩大小，等于截面左边（或右边）所有外力（包括力偶）对截开截面形心的力矩的代数和。若考虑左段为脱离体时，在此段梁上所有向上的力使该截面上产生正号的弯矩，而所有向下的力会使该截面上产生负号的弯矩；取右段时则相反。

【例 4-2】 直接用规律求如图 4-8 (*a*) 所示悬臂梁的 1-1、2-2 两个横截面上的剪力和弯矩。

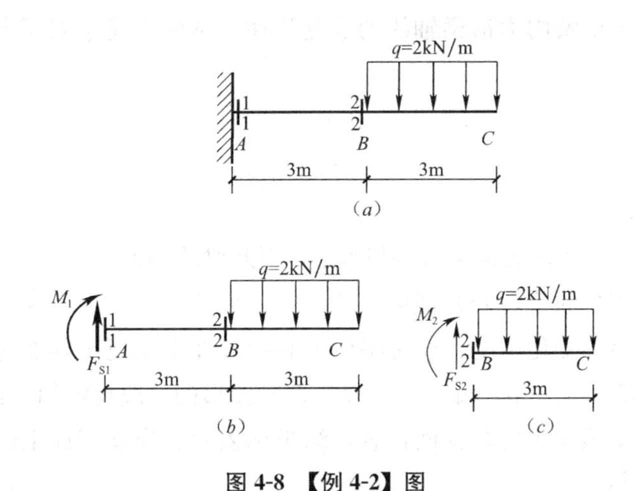

图 4-8 【例 4-2】图

【解】 悬臂梁可不求支座反力，直接计算截面内力。

(1) 求 1-1 截面上的剪力和弯矩。取 1-1 截面的右侧梁段为隔离体，画出其受力图，如图 4-8 (*b*) 所示，则由规律可知

$F_{S1} = 2 \times 3 = 6\text{kN}$(正剪力)

$M_1 = -2 \times 3 \times 4.5 = -27\text{kN} \cdot \text{m}$(负弯矩)

(2) 求 2-2 截面上的剪力和弯矩。取 2-2 截面的右侧梁段为隔离体，画出其受力图，如图 4-8 (c) 所示，则由规律可知：

$$F_{S2} = 2 \times 3 = 6\text{kN}(\text{正剪力})$$
$$M_2 = -2 \times 3 \times 1.5 = -9\text{kN} \cdot \text{m}(\text{负弯矩})$$

【任务布置】

1. 剪力和弯矩的正负号是如何规定的？
2. 简支梁的受力情况如图 4-9 所示，试计算 1-1 截面的剪力和弯矩。

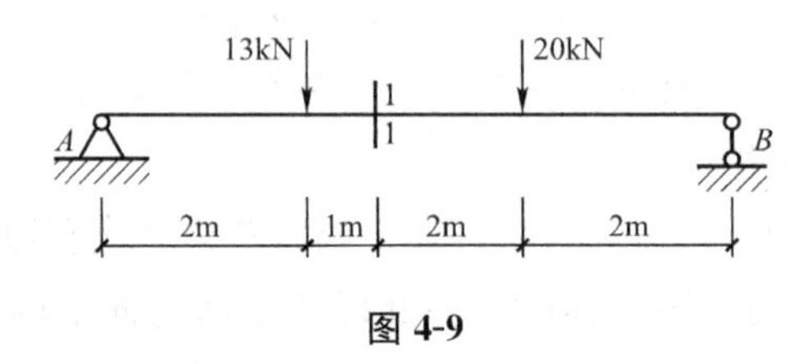

图 4-9

任务 4.3 画单跨静定梁的内力图

【任务描述】

为了计算梁的强度和刚度问题，不仅要计算梁任意截面上的剪力和弯矩，还必须知道剪力和弯矩沿梁轴线的变化规律，从而找到内力的最大值以及最大内力值所在的位置。一般用梁的内力图来反映内力沿梁轴线的变化规律。本任务是学习用方程法、简捷法绘制梁的内力图。

【任务实施】

1. 梁的内力图

从任务 2 可知，梁的内力包括剪力和弯矩，因此梁的内力图包括剪力图和弯矩图。一般情况下，剪力和弯矩的值随着横截面位置的不同而改变。为了形象地表明沿梁轴线各横截面上剪力和弯矩的变化情况，通常将剪力和弯矩在全梁范围内变化的规律用图形来表示，这种图形称为剪力图和弯矩图。绘制这两种图形的一般规定如下：

(1) 以横坐标 x 表示梁的横截面位置，纵坐标表示相应横截面上的剪力和弯矩的数值，按一定比例绘制。

(2) 正剪力图绘制在 x 轴的上面，负剪力绘制在 x 轴的下面，并标明正、负号。

(3) 正弯矩图绘制在 x 轴的下面，负弯矩图绘制在 x 轴的上面，即弯矩图总是绘制在梁的受拉的一侧，并标明正、负号。

2. 剪力图和弯矩图的绘制方法

(1) 内力方程法绘制内力图

一般情况下，梁横截面上的剪力和弯矩随截面位置不同而变化，若以横坐标 x 来表

示横截面在梁轴线上的位置，则各横截面上的剪力和弯矩皆可表示为 x 的函数，即

$$F_S = F_S(x), M = M(x)$$

以上的函数表达式分别称为梁的剪力方程和弯矩方程。为了形象表示剪力 $\boldsymbol{F}_S$ 和弯矩 $\boldsymbol{M}$ 沿梁轴线的变化规律，可根据剪力方程和弯矩方程分别绘制出剪力和弯矩变化的图形。这种绘制内力图的方法称为内力方程法。

下面举例说明怎样列出梁的剪力方程与弯矩方程，并绘制剪力和弯矩图。

【例 4-3】 简支梁的受力如图 4-10（a）所示，试建立梁的内力方程，并绘制内力图。

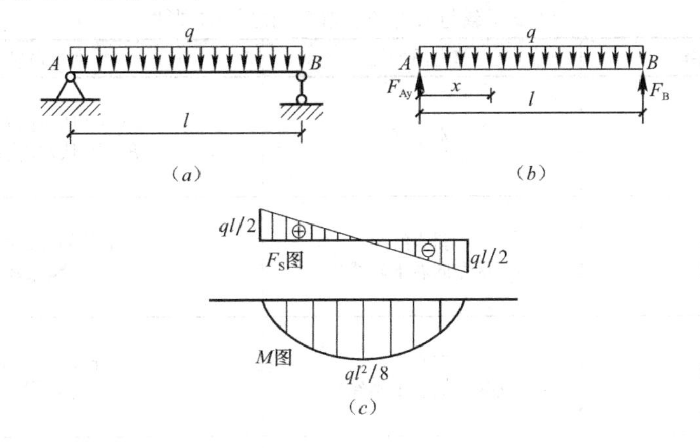

图 4-10　【例 4-3】图

【解】　(1) 求支座反力。梁的受力如图 4-10（b）所示，由对称性可知：

$$F_{Ay} = F_B = \frac{ql}{2}(\uparrow)$$

(2) 列剪力方程和弯矩方程。

以 A 点为坐标原点，建立坐标系，计算距 A 点 x 处截面上的剪力和弯矩：

$$F_S(x) = F_{Ay} - qx = \frac{ql}{2} - qx (0 < x < l)$$

$$M(x) = F_{Ay}x - qx \times \frac{x}{2} = \frac{ql}{2}x - \frac{qx^2}{2} (0 \leqslant x \leqslant l)$$

(3) 绘制剪力图。

剪力方程为 x 的一次函数，其剪力图为一斜直线。因此，只需确定两个截面的剪力值：

当 $x=0$ 时，$F_{SA}^R=\dfrac{ql}{2}$；当 $x=l$ 时，$F_{SB}^L=-\dfrac{ql}{2}$

剪力图如图 4-10（c）所示。

(4) 绘制弯矩图

弯矩方程为 x 的二次函数，弯矩图为下凸的二次抛物线。因此，至少需确定三个截面的弯矩值：

当 $x=0$ 时，$M_A=0$；当 $x=\dfrac{l}{2}$时，$M_{跨中}=\dfrac{ql^2}{8}$；当 $x=l$ 时，$M_B=0$

弯矩图如图 4-10（c）所示。

（2）简捷法绘制梁的内力图

内力方程法是绘制内力图最基本的方法。如果梁上荷载变化复杂，梁分段就多，内力图的绘制就比较繁琐，而且容易出错。实际上，荷载、剪力和弯矩之间存在一定的内在联系，具有一定的规律。利用这些规律来绘制内力图，可大大减少工作量。这种运用荷载、剪力图和弯矩图之间的规律来绘制内力图的方法称为简捷法。为便于掌握和运用这些规律，现将有关弯矩、剪力与荷载间的关系及内力图的一些特点列于表4-1。

梁段荷载与剪力图、弯矩图之间的规律 **表4-1**

杆段荷载情况	剪力图特征	弯矩图特征
无荷载	水平线	$F_S>0$ 从左向右下斜线 $F_S<0$ 从左向右上斜线
$q<0$ 均布荷载	斜直线 （从左向右下斜线）	下凸的二次抛物线 （ ）
$q<0$ 均布荷载	斜直线 （从左向右上斜线）	上凸的二次抛物线 （ ）
F 集中力	集中力作用处发生突变 突变绝对值等于集中力	集中力作用处发生转折
m 集中力偶	集中力偶作用处无变化	集中力偶作用处发生突变 突变绝对值等于集中力偶的力偶矩

简捷法绘制内力图的步骤如下：

第一步：求支座反力（悬臂梁可不求支座反力，但计算时需选取自由端部分作为研究对象）。

第二步：确定梁的控制截面并对梁进行分段——梁的端截面、支座反力作用面、集中力、集中力偶的作用截面、分布荷载的起点和终点作用截面都是梁分段时的控制截面。

第三步：根据梁上的荷载情况，由规律确定各段梁剪力图和弯矩图的形状。

第四步：求出控制截面的剪力值和弯矩值，根据已判定的内力图的形状，逐段绘出剪力和弯矩图。

【例4-4】 如图4-11（a）所示简支梁，应用简捷法绘制内力图。

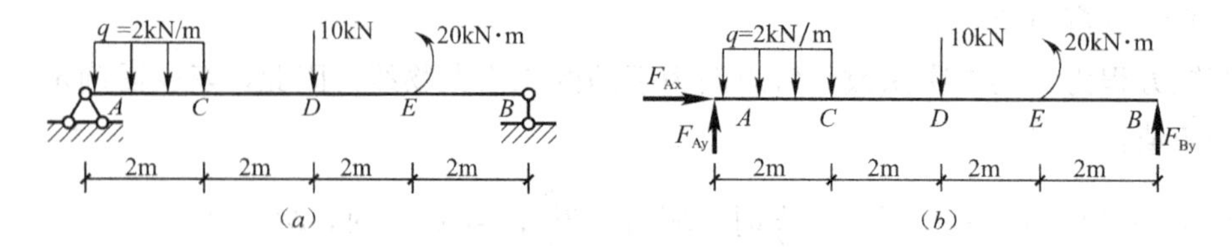

图4-11 【例4-4】图（一）

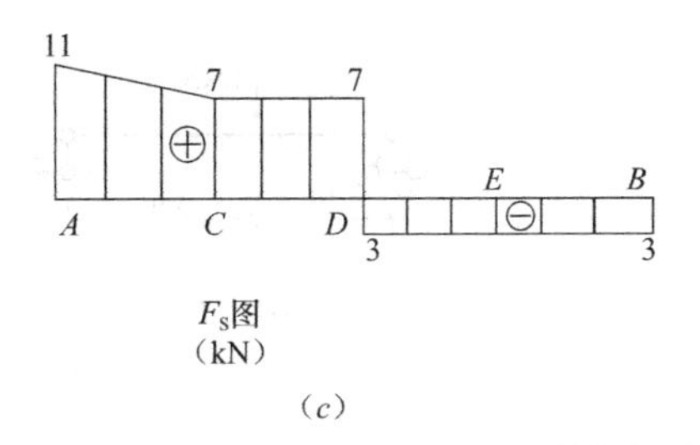

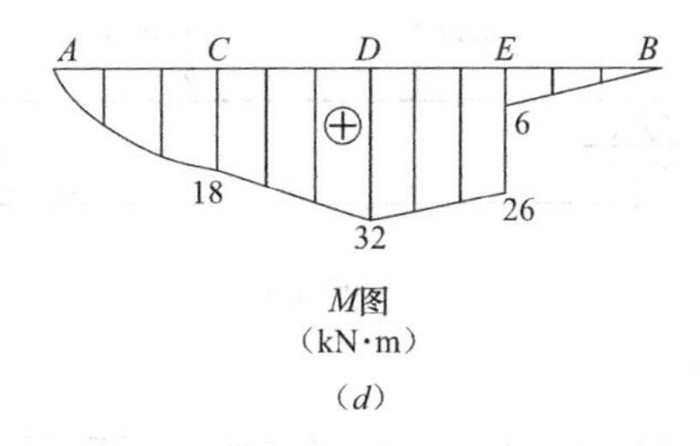

图 4-11 【例 4-4】图（二）

【解】

(1) 求支座反力。取整个梁为隔离体，其受力分析如图 4-11 (*b*) 所示，则有

$$\Sigma F_x = 0, F_{Ax} = 0$$

$$\Sigma M_A = 0, -2\times2\times1-10\times4+20+F_{By}\times8=0, F_{By}=3\text{kN}(\uparrow)$$

$$\Sigma F_y = 0, F_{Ay}-2\times2-10+F_{By}=0, F_{Ay}=11\text{kN}(\uparrow)$$

(2) 绘制剪力图

将该梁分为 *AC*、*CD*、*DE*、*EB* 四段，判断每一段的剪力图形状，并计算控制截面剪力值：

AC 段为下斜直线，*A* 端 $F_{SA}^{右}$=11kN（等于支座反力大小），F_{SC}=7kN；

CD 段为水平线，*D* 截面有集中力作用，剪力图突变，$F_{SD}^{左}$=7kN，$F_{SD}^{右}$=−3kN，集中力作用处剪力发生突变，绝对值等于 10kN；

DE 段为水平线，*E* 截面有集中力偶作用，在力偶处剪力图无变化，$F_{SE}^{左}=F_{SE}^{右}$=−3kN；

EB 段为水平线，$F_{SB}^{左}$=−3kN，梁的端点剪力图闭合；

剪力图如图 4-11 (*c*) 所示。

(3) 绘制弯矩图

仍将此梁分为 *AC*、*CD*、*DE*、*EB* 四段，判断每一段的弯矩图形状，并计算控制截面弯矩值：

AC 段为下凸抛物线，$M_A^{右}$=0，M_C=18kN·m；

CD 段为下斜直线（因为剪应力都是正值），*D* 截面有集中力作用，弯矩图出现转折，M_D=32kN·m；

DE 段为上斜直线（因为剪应力都是负值），*E* 截面有集中力偶作用，在力偶处弯矩图发生突变，突变绝对值等于 20kN·m，$M_E^{左}$=26kN·m，$M_E^{右}$=6kN·m；

EB 段为上斜直线，$M_B^{左}$=0；

弯矩图如图 4-11 (*d*) 所示。

【任务布置】

用简捷法绘制如图 4-12、图 4-13 所示简支梁的剪力图和弯矩图。

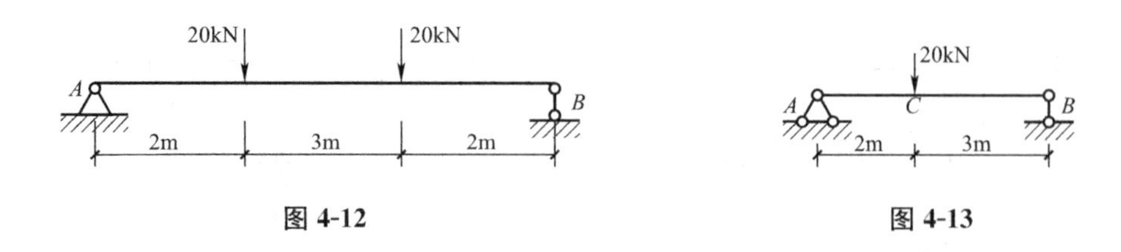

图 4-12　　图 4-13

任务 4.4　计算静定梁的强度问题

【任务描述】

解决强度问题，仅知道内力是不够的，还必须研究内力在梁横截面上的分布规律，即研究梁横截面上的应力问题。一般情况下，梁弯曲时横截面上产生两种内力——剪力和弯矩，而应力是横截面上内力的分布集度；因此，横截面上与它们对应的应力也有两种，即剪应力和正应力，正应力对梁的强度影响较大。本任务是计算梁的正应力及强度条件。

【任务实施】

1. 梁的正应力计算

(1) 纯弯曲时正应力

梁弯曲时，如果横截面上内力只有弯矩而无剪力，这种弯曲称为纯弯曲。如图 4-14 (*a*) 所示的矩形截面橡胶梁，在梁的两端施加外力偶 M_e，梁将发生纯弯曲，如图 4-14 (*b*) 所示。

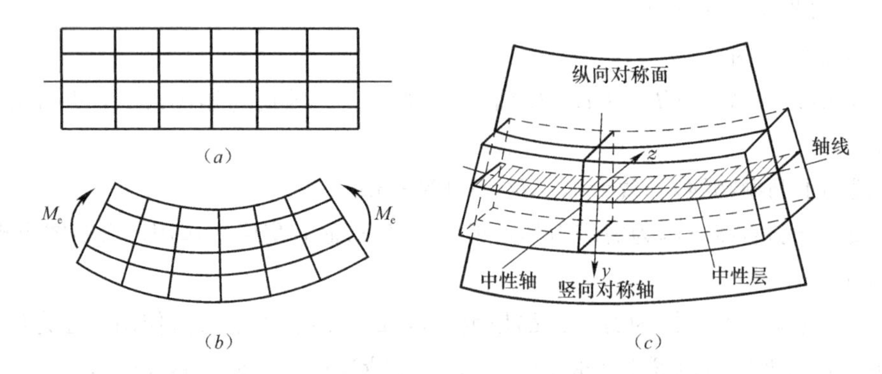

图 4-14　纯弯曲

通过观察对比梁上事先标记的纵向直线和横向直线，发现下列现象：

① 纵向直线变形后成为相互平行的曲线，靠近凹面的缩短，靠近凸面的伸长。

② 横向直线变形后仍为直线，只是相对转动了一个角度。

③ 纵向直线和横向直线变形后仍然保持正交关系。

据此，可对梁的内部变形情况作如下假设：

① 梁的横截面在变形后仍然为一个平面，并且与梁轴线正交，只是绕横截面内某一

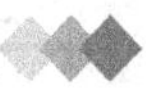

轴旋转了一个角度，这称为平面假设。

② 设想梁由许多纵向纤维组成。变形后，纵向直线和横向直线仍然保持正交关系，可近似认为纵向纤维没有受到横向剪切和挤压，只受到简单的拉伸和压缩。

根据以上假设，靠近凹面的纤维受到压缩，靠近凸面的纤维受到拉伸，由于变形的连续性，纵向纤维自受到压缩到受到拉伸的变化之间，必然存在着一层既不受压缩、又不受拉伸的纤维，这一层纤维称为中性层。中性层与横截面的交线称为中性轴。

根据纯弯曲时的变形特点，可以从几何方面、物理方面以及静力学方面推导出纯弯曲时某横截面上任一点正应力的计算公式为

$$\sigma_k = \frac{M}{I_Z} \cdot y \tag{4-1}$$

式中　σ_k——梁横截面上任意一点的正应力；单位为 Pa、KPa、MPa 或者 GPa，工程上常用 MPa，$1MPa=10^6Pa$；

M——该点所在横截面的弯矩；

I_Z——横截面对中性轴 z 的惯性矩，常用单位为 mm^4；

y——该点到中性轴 z 的距离。

在用式（4-1）计算正应力时，可不考虑弯矩 M、y 的正负号，均以绝对值代入，最后由梁的变形来确定是拉应力还是压应力。当截面上的弯矩为正时，梁下边受拉，上边受压，所以中性轴以下为拉应力，中性轴以上为压应力；当截面的弯矩为负时，则相反。

式（4-1）说明梁横截面上任一点的正应力与弯矩成正比，与该点到中性轴距离成正比，与惯性矩成反比，正应力沿截面高度呈线性分布，中性轴处为零，上下边缘处最大，正应力分布规律如图 4-15 所示。

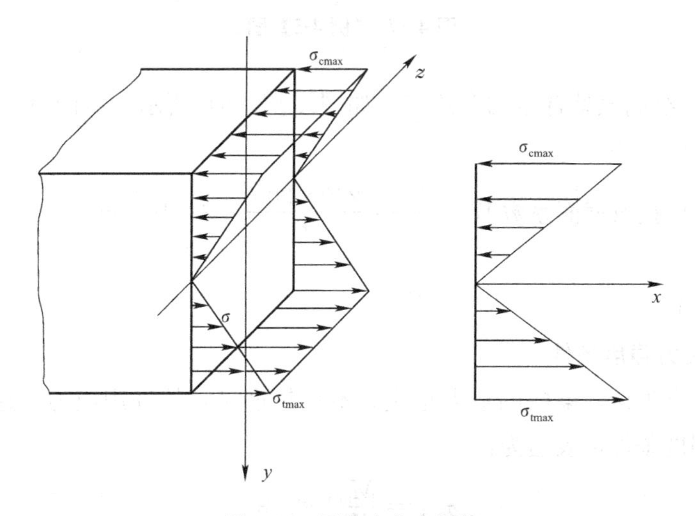

图 4-15　正应力分布规律

在解决梁的强度问题时，对矩形、圆形等横截面对称于中性轴的梁，关注梁的最大正应力发生在哪个截面，其值是多少。梁发生弯曲变形时，弯矩 M_{max} 所在截面称为危险截面，该截面上距离中性轴最远的上、下边缘处有最大拉应力和最大压应力（且最大拉应力和最大压应力相等），称为危险点。根据式（4-1）不难得出梁的最大正应力计算

公式为：

$$\sigma_{max} = \frac{M_{max}}{W_Z} \tag{4-2}$$

式中：W_Z 为抗弯截面系数，它是衡量截面抗弯能力的一个几何量，常用单位为 mm^3。如图 4-16 所示，矩形截面 $I_Z = \frac{bh^3}{12}$，$W_Z = \frac{bh^2}{6}$；圆形截面 $I_Z = \frac{\pi D^4}{64}$，$W_Z = \frac{\pi D^3}{32}$。

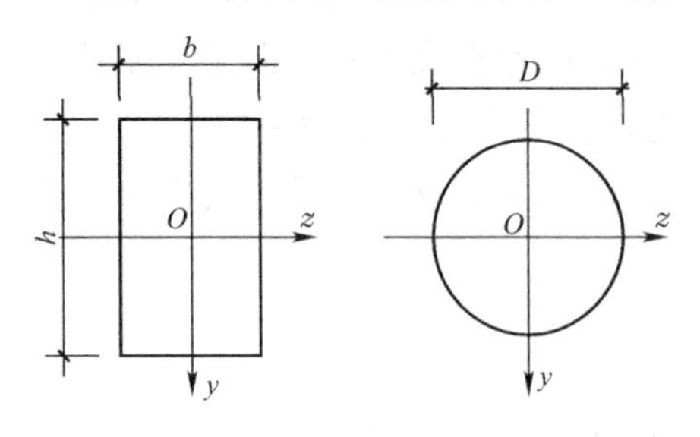

图 4-16 截面几何形状

(2) 横力弯曲时正应力

如果梁弯曲时横截面上内力既有弯矩又有剪力，则这种弯曲称为横力弯曲。由于横力弯曲时梁横截面上不仅有正应力，而且有切应力，梁变形后横截面不再保持为平面。按平面假设推导出的纯弯曲梁横截面上正应力计算公式，用于计算横力弯曲梁横截面上的正应力是有一些误差的。

但是当梁的跨度和梁高比 $l/h>5$ 时，其误差甚小。因此，对于跨高比大于 5 的梁，式 (4-1)、式 (4-2) 也适用于横力弯曲。

【例 4-5】 如图 4-17 (*a*) 所示悬臂梁，试求该梁最大正应力。

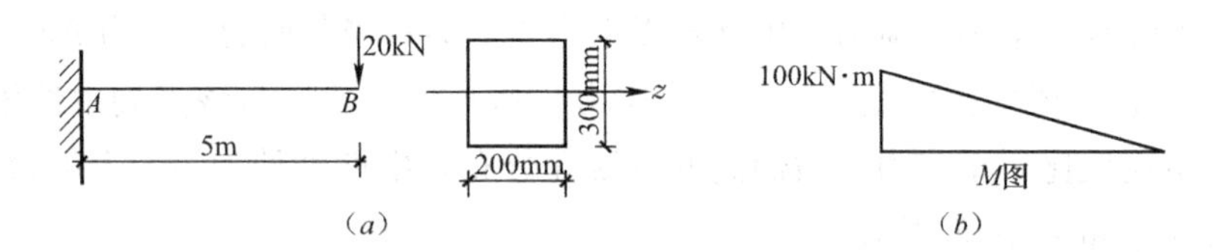

图 4-17 【例 4-5】图

【解】 (1) 绘制该悬臂梁的弯矩图。如图 4-17 (*b*) 所示，由图可知 *A* 截面上的弯矩最大，$M_{Amax}=100kN \cdot m$。

(2) 矩形截面抗弯截面系数 $W_Z=\frac{bh^2}{6}=\frac{200\times 300^2}{6}=3\times 10^6 mm^3$

(3) $\sigma_{max}=\frac{M_{max}}{W_Z}=\frac{100\times 10^6}{3\times 10^6}=33.3MPa$

2. 梁的正应力强度条件

为保证梁安全工作，梁内的最大正应力不得超过材料的许用应力，这就是梁的强度条件。正应力强度条件可表达为：

$$\sigma_{max} = \frac{M_{max}}{W_Z} \leqslant [\sigma] \tag{4-3}$$

正应力强度条件可以解决以下三类强度问题：

(1) 正应力强度校核，即梁内的最大正应力不能超过许用应力。

$$\sigma_{max} = \frac{M_{max}}{W_Z} \leqslant [\sigma]$$

(2) 选择截面，即由梁中的最大弯矩和材料的许用应力求出抗弯截面模量，然后根

据所选的截面形状，再由 W_Z 值确定截面的尺寸。

$$W_Z \geqslant \frac{M_{max}}{[\sigma]}$$

（3）求梁能承受的最大荷载，即由梁的抗弯截面模量和材料的许用应力求出梁能承受的最大弯矩，再由 M_{max} 与荷载的关系，求出梁能承受的最大荷载。

$$M_{max} \leqslant W_Z[\sigma]$$

【例 4-6】 如图 4-18（*a*）所示，简支梁受到均布荷载作用，横截面采用 32a 热轧工字钢，跨度 $l=8$m，$q=10$kN/m，型钢许用应力［σ］$=160$MPa，试校核该梁的强度。

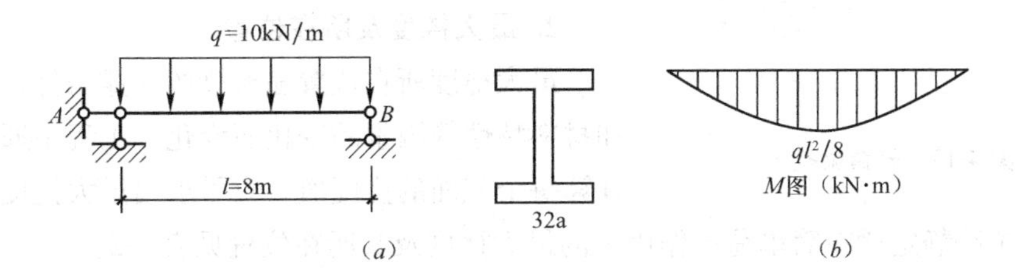

图 4-18 【例 4-6】图

【解】（1）绘制该悬臂梁的弯矩图。如图 4-18（*b*）所示，由图可知跨中截面上的弯矩最大，$M_{max}=\frac{ql^2}{8}=\frac{10\times8^2}{8}=80\text{kN}\cdot\text{m}$

（2）查附表 1-3 得：32a 工字钢的 $W_Z=692\text{cm}^3$

（3）$\sigma_{max}=\frac{M_{max}}{W_Z}=\frac{80\times10^6}{692\times10^3}=115.6\text{MPa}<[\sigma]$

因此该梁满足强度条件，安全。

【提醒】 当材料抗拉强度与抗压强度不相同，截面上、下又不对称时（如 T 形梁），对梁内最大正弯矩和最大负弯矩截面均应校核。

【任务布置】

1. 什么是纯弯曲？什么是横力弯曲？
2. 梁横截面上的正应力如何分布？
3. 写出梁横截面上最大正应力计算公式。
4. 写出梁的强度条件公式。

任务 4.5 静定梁的挠度*

【任务描述】

在工程实际中，受弯构件除了要满足强度条件外，还要满足刚度条件，即要求梁的变形不能超过某一容许值，否则会影响正常使用。例如，桥梁的变形过大时车辆行驶会引起较大的振动。本任务是认识挠度并记忆单跨静定梁在简单荷载作用下的最大挠度值。

【任务实施】

1. 挠度的概念

如图 4-19 所示，悬臂梁在自重作用下发生弯曲变形，每个横截面都发生了移动和转动。横截面形心垂直于梁轴线方向上的位移称为挠度，用 y 表示，规定向下为正；横截面绕中性轴转动的角度称为转角，用 θ 表示，并规定顺时针的转角为正。

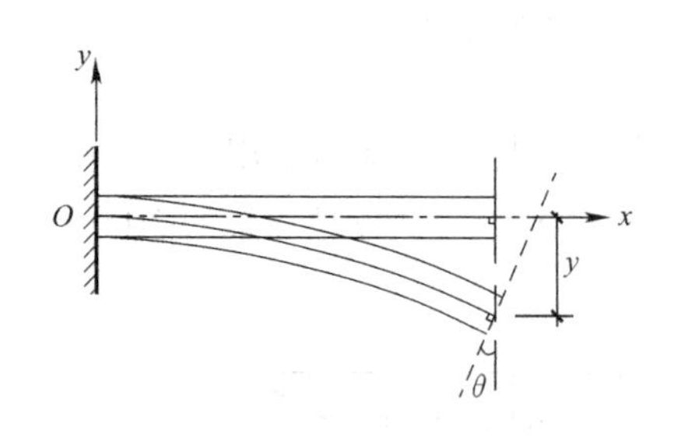

图 4-19　悬臂梁挠度

2. 最大挠度及所在位置

最大挠度所在位置随着梁的支撑条件、荷载情况和材料特性等因素的变化而变化。工程中通常不需要计算每个截面的挠度值，只需求出最大挠度并确定所在位置。单跨静定梁在简单荷载作用下的最大挠度及其所在位置见表 4-2。

单跨静定梁在简单荷载作用下最大挠度及其所在位置　　表 4-2

序号	支承、荷载情况	最大挠度及所在位置
1	F A B x l y	自由端 B 截面，$y_{max}=\frac{Fl^3}{3EI}$
2	q A B l	自由端 B 截面，$y_{max}=\frac{ql^4}{8EI}$
3	F A C B l/2 l/2	跨中 C 截面，$y_{max}=\frac{Fl^3}{48EI}$
4	q A B l	跨中截面，$y_{max}=\frac{5ql^4}{384EI}$

3. 最大挠度影响因素

由表 4-2 中各梁最大挠度计算公式可知，梁的最大挠度与抗弯刚度 EI、梁的跨度 l 和支承情况、荷载作用方式等因素有关。

① 抗弯刚度 EI

增大梁的抗弯刚度 EI，可以减小梁的挠度。对于钢材来说，采用高强度钢可以大大提高梁的强度，但却不能大大增大梁的刚度，因为高强度钢与普通低碳钢的 E 值相差不大。因此，增大梁的 I 值，不仅可以减小梁的挠度，提高梁的抗弯刚度，而且还可以提高梁的强度。故工程上常采用工字形、槽形、箱形等形状的截面。

② 跨度和结构形式

在条件允许的前提下，可通过缩短梁的跨度，将简支梁改为外伸梁或增加梁的支座等方式减小梁的挠度。

③ 加载方式

通过将集中力改为分布荷载或在梁上配置一个辅助梁等方法，可减小梁的挠度。

项目小结

本项目主要介绍了单跨静定梁弯曲时的内力、正应力计算方法，梁弯曲时的强度及刚度计算。

1. 梁弯曲时横截面上的内力有剪力和弯矩，求该内力的方法有两种，即截面法和计算规律法。截面法是基本方法，计算规则比较简便。

2. 截面法计算内力的步骤可简单归纳为：①计算支座反力；②用假想的截面将梁截成两段，任取某一段为研究对象；③画出研究对象的受力图；④建立平衡方程，计算内力。

3. 计算规律法求指定横截面剪力和弯矩的关键为：根据剪力、弯矩的正负号规定，正确地判断每项外力引起的剪力、弯矩的正负号。

4. 绘制梁的剪力图和弯矩图的方法有两种：

（1）内力方程法。

（2）简捷法绘制剪力图和弯矩图，其步骤如下：

① 求支座反力——悬臂梁可不求支座反力，但计算时需保留自由端部分为研究对象。

② 确定梁的控制截面并对梁进行分段——梁的端截面、支座反力作用面、集中力、集中力偶的作用截面、分布荷载的起点和终点作用截面都是梁分段时的控制截面。

③ 根据梁上的外力情况，由规律确定各段梁剪力图和弯矩图的形状。

④ 求出控制截面的剪力值和弯矩值，根据已判定的内力图形状，逐段绘出剪力和弯矩图。

5. 梁弯曲时任一横截面上任一点的正应力计算公式为

$$\sigma=\frac{M}{I_Z}\cdot y$$

中性轴为截面的形心主轴，正应力沿截面高度呈线性分布，以中性轴为界，一侧为拉应力，另一侧为压应力。

6. 梁正应力强度条件为：

$$\sigma_{\max}=\frac{M_{\max}}{W_Z}\leqslant[\sigma]$$

项目练习题

一、判断题

1. 绘制梁的内力图时，弯矩图总是画在受拉侧。（　　）

2. 在集中力作用处，弯矩图发生突变。(　　)

3. 均布荷载作用杆段，其弯矩图为标准二次抛物线。(　　)

4. 纯弯曲梁横截面上任一点，既有正应力也有切应力。(　　)

二、填空题

1. 以弯曲变形为主要变形的杆件称为________。

2. 梁的内力正负号规定是弯矩以使梁________为正。

3. 梁在外荷载作用下发生弯曲时，若某截面上只有弯矩无剪力，这种弯曲称为________。

4. 梁弯曲时的正应力沿截面高度呈________分布，中性轴处________，上、下边缘处________。

三、计算题

1. 求如图 4-20 所示简支梁的 1-1、2-2、3-3、4-4 四个横截面上的剪力和弯矩。

2. 如图 4-21 所示外伸梁，应用简捷法绘制其内力图。

图 4-20　　　　图 4-21

3. 如图 4-22 所示铸铁梁，材料的许用应力 $[\sigma]=70\text{MPa}$，试求 1-1 截面上 a、b、c 三点的正应力并校核梁的正应力强度。

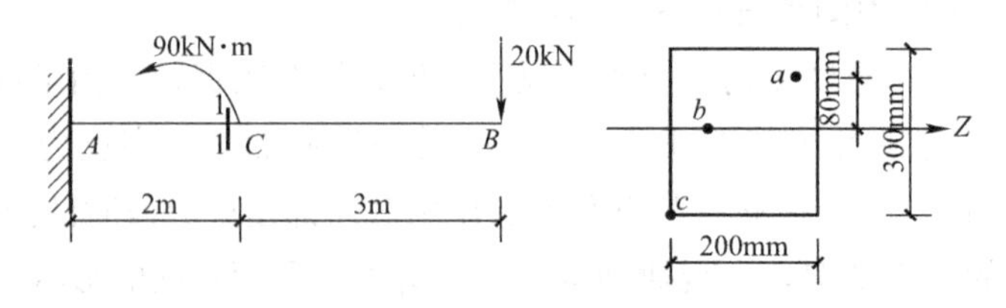

图 4-22

项目 5
认识静定平面杆系结构

【项目概述】

土木工程中的各类建筑物和构筑物中，用以支撑和传递荷载起骨架作用的部分或体系称为结构。杆系结构是土木工程中应用最多的结构类型，本项目将重点介绍静定多跨梁、静定刚架、静定桁架、三铰拱等常见的杆系结构类型和其受力特征。

【项目目标】

通过学习，你将：

√ 认识静定多跨梁、静定刚架、静定桁架、三铰拱等常见的静定平面杆系结构类型；

√ 熟悉静定多跨梁、静定刚架、静定桁架、三铰拱等结构的组成和内力特征。

【任务实施】

1. 静定多跨梁

简支梁、外伸梁和悬臂梁是静定梁中简单的单跨梁，常用于跨度不大的情况，例如短跨的桥梁、吊车梁、门窗的过梁等。在实际工程中如果想利用短梁跨越大跨度形成合理的结构形式，可以得到多种形式的静定多跨梁。静定多跨梁是由若干单跨梁在适当位置用铰链连接而成的一种静定结构[1]。如图 5-1（*a*）所示为一静定公路桥梁结构图。

（1）静定多跨梁的组成

图 5-1（*c*）中表示了梁各部分之间的依存关系和力的传递层次，称为静定多跨梁的层次图。静定多跨梁的组成可视为由基本部分与附属部分连接而成。凡在荷载作用下能独

[1] 在荷载作用下，所有支座反力和截面内力均可由静力平衡条件完全确定的结构称为静定结构。

立维持平衡的部分称为基本部分；凡必须依靠基本部分才能维持平衡的部分称为附属部分。图 5-1（c）中，AB 是外伸梁，其支座与基础连接，能独立维持平衡；CD 也是外伸梁，其支座与基础连接，也能独立维持平衡。因此 AB、CD 是基本部分；悬跨梁 BC 必须依靠基本部分才能维持平衡，所以是附属部分。

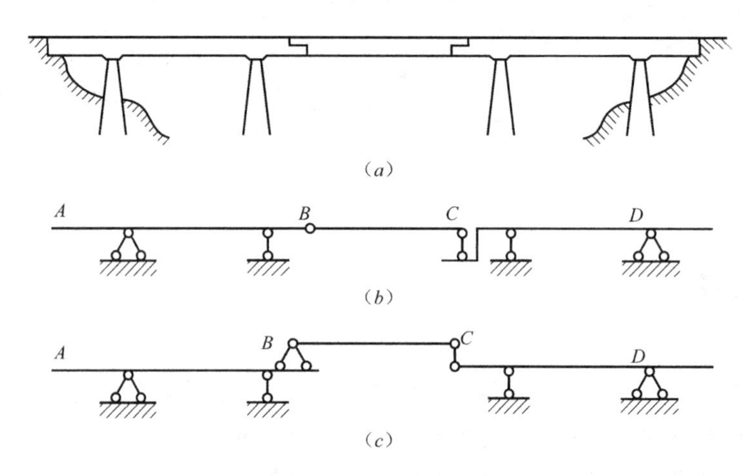

图 5-1　静定多跨梁及其计算简图

由静定多跨梁基本部分与附属部分力的传递关系可知，基本部分上的荷载作用不传递给附属部分，而附属部分的荷载作用则一定传递给基本部分。因此，静定多跨梁的安装施工顺序是先固定基本部分，后固定附属部分；其内力计算顺序是先计算附属部分，后计算基本部分。

（2）静定多跨梁的内力特征

在计算静定多跨梁的内力时，应先分析判断梁的基本部分和附属部分，再将梁从铰接处拆成几个单跨梁，从附属部分开始，逐步计算到基本部分。这样就将静定多跨梁的内力计算，转化为几个单跨梁的内力计算，最后再将各个单跨梁的内力图拼在一起，就得到静定多跨梁的内力图。

为了说明静定多跨梁的内力特征，将如图 5-2 所示的静定多跨梁和图 5-3 所示的简支梁（等跨度）的内力图进行比较（跨度、荷载相同）可知，静定多跨梁弯矩峰值较小，且分布均匀。静定多跨梁的铰节点处，在无集中荷载作用时，在铰节点处弯矩为零，这是静定多跨梁的内力特征。

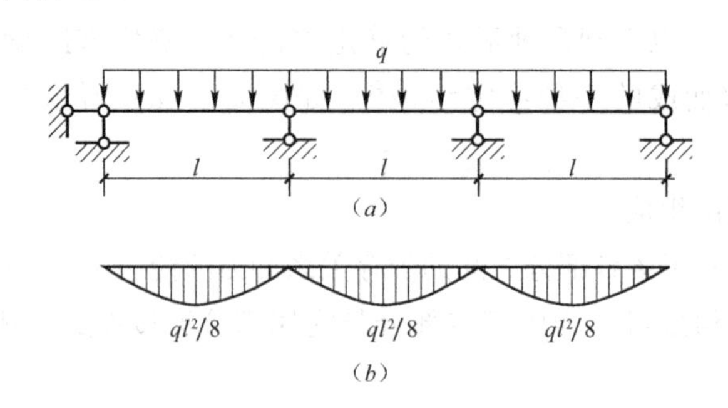

图 5-2　多跨简支梁弯矩图

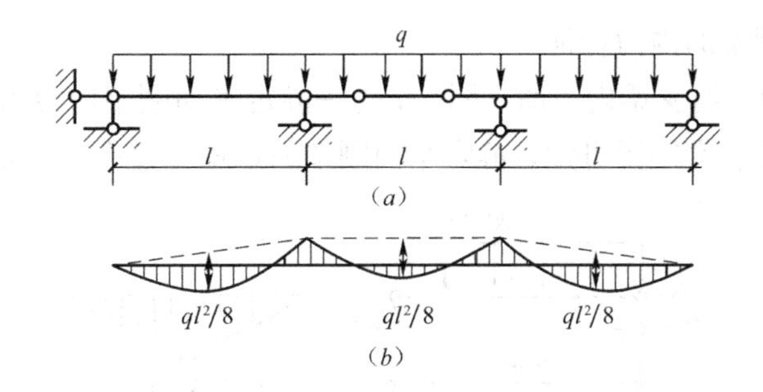

图 5-3　静定多跨梁弯矩图

因此，一般来说，同样跨度的桥梁，静定多跨梁会比较节省用料，但静定多跨梁的构造比较复杂，需要综合考虑采用哪种结构形式。

2. 静定平面刚架

静定刚架是由若干个直杆全部或部分通过刚节点连接而成的静定结构。当刚架各杆轴线和外力作用线都位于同一平面内时，称为平面刚架。刚架结构受力合理，轻巧美观，制作方便，能跨越较大的跨度，因此广泛用于河流渡槽、体育馆、礼堂、厂房、车站站台等建筑物中。

（1）静定平面刚架的组成

当刚架受到外力作用时，刚节点所连接的两根杆件的夹角总是不变的，故将这类节点称为刚节点。刚节点是刚架的主要结构特征。工程结构中常见的静定刚架的主要类型有：

① 悬臂刚架。如图 5-4（*a*）所示，常用于火车站站台、雨篷等。

② 三铰刚架。如图 5-4（*b*）所示，常用于仓库、厂房等。

③ 简支刚架，如图 5-4（*c*）所示，常用于起重机钢支架等。

以上三种刚架对应的计算简图如图 5-5 所示。

（*a*）

（*b*）

（*c*）

图 5-4　静定刚架

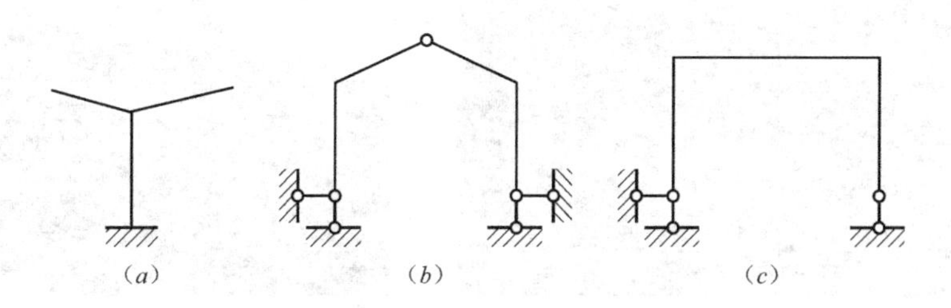

图 5-5　静定平面刚架计算简图

(2) 静定平面刚架的内力特征

如图5-6所示为一简支梁内力图，图5-7为一静定平面刚架内力图，两者跨度和承受荷载均相同，对比两者弯矩图可知，静定平面刚架的弯矩峰值小，内力分布比较合理。

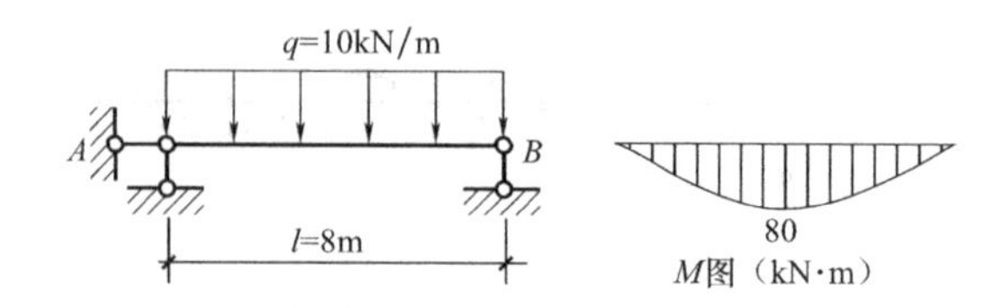

图5-6 简支梁弯矩图

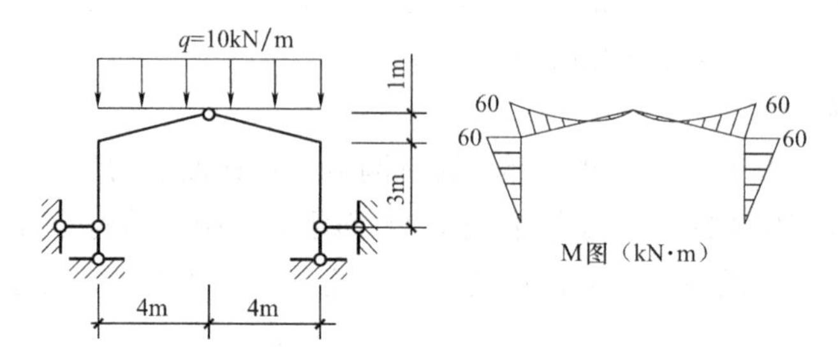

图5-7 静定平面刚架内力图

静定平面刚架内力具有以下特点：

① 杆件的弯曲变形较大，内力有弯矩、剪力和轴力，但弯矩是主要内力；

② 弯矩分布比较均匀，其峰值比一般铰接体系小，可以节省材料；

③ 刚架具有弯矩分布比较均匀、内部空间大、制作方便等优点，所以在工程中得到了广泛的应用，一般用于体育馆、礼堂、渡槽等。

3. 静定桁架

在工程实际中，桥梁、起重机、电视塔等结构中常采用桁架结构。桁架是一种由杆件彼此在两端用铰链连接而成的结构。若桁架中所有杆件和外力作用线都在同一平面内，则将此类桁架称为平面桁架。

(1) 桁架的组成

桁架是由若干直杆在两端用圆柱铰链连接而成的。桁架的优点是：杆件主要承受拉力或压力，可以充分发挥材料的作用，减轻结构的重量，节约材料，提高跨度。桁架在工程结构中应用广泛，如桥梁主体（图5-8）、屋架（图5-9）等。

图5-8 桥梁

图5-9 钢屋架

【提醒】

桁架和刚架都是由直杆组成的结构。两者的区别是：桁架的节点全部都是铰节点，刚架中的节点全部或者部分是刚节点。

(2) 静定桁架的内力特征

桁架中杆件的连接点称为节点。工程实际中的桁架节点较复杂，为了简便计算，工程内力计算时采用以下几点假设：

① 连接杆件的各节点，是无任何摩擦的理想铰。

② 各杆件的轴线都是直线，都在同一平面内，并且都通过铰的中心。

③ 外力和支座反力都作用在节点上，并位于桁架平面内。

满足上述假定的桁架称为理想桁架，在绘制理想桁架的计算简图时，应以轴线代替各杆件，以小圆圈代替铰节点。如图5-10所示为一理想桁架的计算简图和各部分名称。

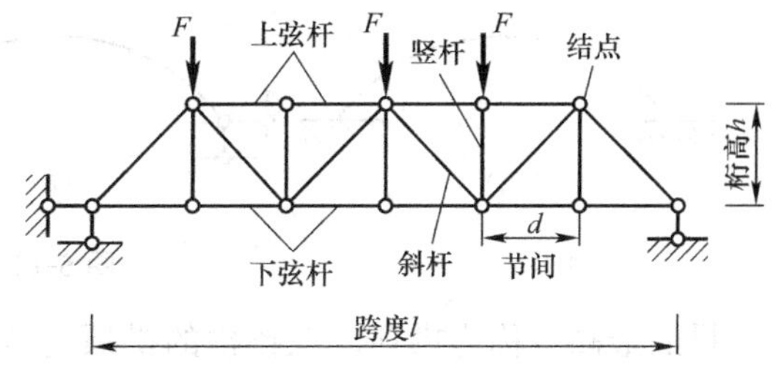

图5-10 桁架各部分名称

在工程实际中，采用上述假设可以简化桁架内力计算，而且得到的计算结果符合工程实际要求。根据这些假设，桁架中的各杆都可看成只在两端受到约束反力作用的二力杆。因此，各杆只受到轴力，截面上应力分布均匀，其受力较为合理。

根据桁架的外形与几何组成可对静定平面桁架进行分类。

按照桁架的外形分类：

① 平行弦桁架，如图5-11 (*a*) 所示，多用于桥梁、吊车梁、托架梁等。

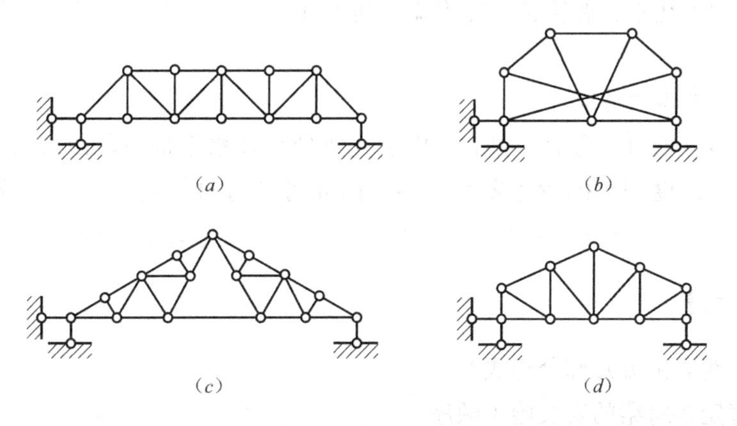

图5-11 桁架结构的分类

② 折线形桁架，如图5-11 (*b*) 所示，多用于较大跨度的桥梁和工业与民用建筑。

③ 三角形桁架，如图5-11 (*c*) 所示，多用于民用建筑。

④ 抛物线形桁架，如图5-11 (*d*) 所示，多用于桥梁、屋架。

4. 三铰拱

拱是一种常见的结构形式，在桥梁和建筑中经常采用。拱在我国建筑结构上应用

图 5-12　赵州桥

历史非常久远，早在隋朝大业元年（公元605年左右），李春在河北赵县修建了赵州桥（图 5-12），桥长 64.4m，宽 9m，净跨 37.02m，是典型的空腹式坦拱。

（1）三铰拱的组成

轴线为曲线，在竖向外力作用下支座处产生水平推力的结构称为拱。根据支承及连接方式的不同，拱可分为无铰拱（图 5-13*a*）、两铰拱（图 5-13*b*）和三铰拱（图 5-13*c*）。三铰拱是由两根曲杆与基础用三个铰两两相连组成的静定结构。

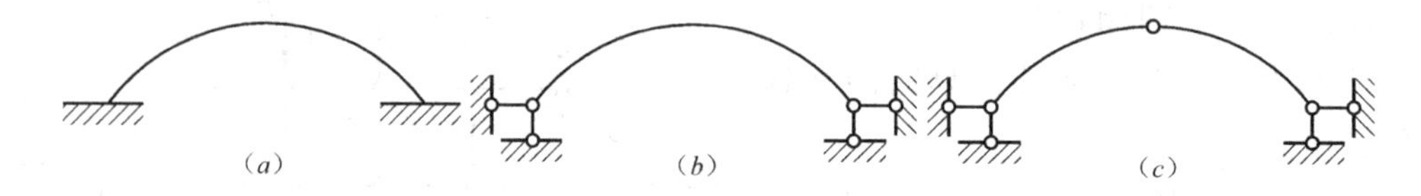

图 5-13　拱

拱的最高点称为拱顶。三铰拱的拱顶通常是设在中间铰的位置。拱的两端与支座连接处称为拱趾或者拱脚。两个拱趾之间的水平距离 l 称为跨度。拱顶到两拱趾连线的竖直距离称为拱高或拱矢，拱高与跨度之比 f/l 称为高跨比或矢跨比。各部分名称如图 5-14 所示。

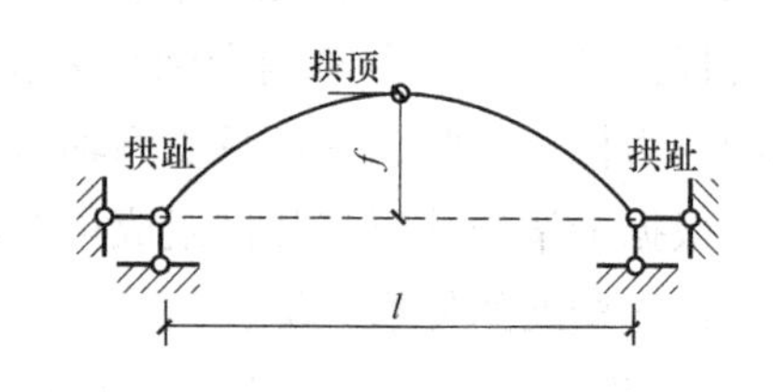

图 5-14　拱各部分名称

在桥梁和房屋建筑工程中，拱式结构应用也较为广泛，它常用于礼堂、展览馆、体育馆、桥梁主体等。

（2）三铰拱的内力特征

拱中的内力有轴力、弯矩、剪力。由于支座处存在水平推力，使拱截面上的弯矩比具有相同荷载和跨度的梁的弯矩要小很多，因此可节省材料用量，能跨越较大的跨度。拱主要承受压力，可以充分利用砖、石、混凝土等抗压性能好的材料。

【任务布置】

1. 静定多跨梁由哪几部分组成？
2. 说出静定多跨梁的安装施工顺序。
3. 说出静定多跨梁的内力计算顺序。
4. 静定平面刚架通常分为哪几种？
5. 说出静定平面刚架的内力特征。
6. 说出静定平面桁架的内力特征。
7. 说出三铰拱的内力特征。

项目小结

1. 静定多跨梁

静定多跨梁是由若干单跨梁在适当位置用铰链连接而成的一种静定结构。静定多跨梁比同跨度的简支梁弯矩峰值小，且分布均匀。

2. 静定刚架

静定刚架是由若干个直杆全部或部分通过刚节点连接而成的静定结构。刚节点是刚架的主要结构特征。刚架弯矩分布比较均匀、内部空间大、制作方便。

3. 静定桁架

桁架是由若干直杆在两端用圆柱铰链连接而成。各杆只受到轴力，截面上应力分布均匀，其受力较为合理，可充分发挥材料的作用，减轻结构的重量，节约材料，提高跨度。

4. 三铰拱

轴线为曲线，在竖向外力作用下支座处产生水平推力的结构称为拱。三铰拱是由两根曲杆与基础用三个铰两两相连组成的静定结构。拱主要承受压力，可以充分利用砖、石、混凝土等抗压性能好的材料。

项目6 计算钢筋混凝土受弯构件承载力

【项目概述】

在钢筋混凝土桥梁工程中，有大量的中小跨径梁、人行道板、行车道板、板式桥的承重板和梁式桥的主梁与横梁等构件，从受力角度来看，这些板和梁是典型的受弯构件。受弯构件要承担和传递荷载，同时在荷载作用下保证其结构功能。所以，本项目包括钢筋混凝土受弯构件的荷载、结构设计原则、构造规定、截面破坏形态及承载力计算5个任务。

【项目目标】

通过学习，你将：

✓ 能判断荷载的类别；

✓ 会确定一般结构的荷载代表值和设计值；

✓ 能按照极限状态计算荷载效应组合设计值；

✓ 能分析判断梁、板中钢筋的类别和作用；

✓ 能判断正截面的破坏形态；

✓ 能判断斜截面的破坏形态；

✓ 能计算单筋矩形截面受弯构件的正截面承载力。

任务6.1 认识作用

【任务描述】

公路桥涵结构设计的工作之一是确定“作用”在结构上的形式、大小和位置；不同的“作用”在结构或构件上产生的效应（如内力、变形或裂缝）是不同的，“作用”在结构上产生的这种效应称为作用效应，作用与作用效应之间存在着一定的关系。通过本任务的学习，应认识作用的种类及取值。

【任务实施】

将施加在结构或构件上的一组集中力或分布力，或引起结构外加变形或约束变形的成因，称为作用；前者称为直接作用，也称为荷载，后者称为间接作用。

1. 作用的种类

公路桥涵结构设计，按作用的时间和性质，可分为三类：永久作用、可变作用和偶然作用，见表 6-1。

永久作用是指在结构设计使用期间，其值不随时间而变化，或其变化与平均值相比可以忽略不计，或其变化是单调的并能趋于限值的作用。

可变作用是指在结构设计使用期内其值随时间而变化，且其变化值与平均值相比不可忽略的作用。

偶然作用是指在结构设计使用期内出现的概率很小，一旦出现，其值很大且持续时间很短的作用。

作用的分类　　　　表 6-1

编号	作用分类	作用名称
1	永久作用	结构重力（包括结构附加重力）
2		预加力
3		土的重力
4		土侧压力
5		混凝土收缩及徐变作用
6		水的浮力
7		基础变位作用
8	可变作用	汽车荷载
9		汽车冲击力
10		汽车离心力
11		汽车引起的土侧压力
12		人群荷载
13		汽车制动力
14		风荷载
15		流水压力
16		冰压力
17		温度（均匀温度和梯度温度）作用
18		支座摩阻力
19	偶然作用	地震作用
20		船舶或漂流物的撞击作用
21		汽车撞击作用

2. 作用代表值和设计值的概念

（1）作用代表值

作用代表值是指结构或结构构件设计时，针对不同设计目的所采用的各种作用规定值，它包括作用标准值、准永久值和频遇值等。

作用标准值是指结构或结构构件设计时，采用的各种作用的基本代表值，其值可根据作用在设计基准期（在进行结构可靠性分析时，考虑持久设计状况下各项基本变量与时间关系所采用的基准时间参数，公路桥涵结构一般为100年）内最大值概率分布的某一分位值确定。

作用准永久值是指结构或构件按正常使用极限状态长期效应组合设计时，采用的另一种可变作用代表值，其值可根据在足够长观测期内作用任意时点概率分布的0.5（或略高于0.5）分位值确定。

作用频遇值是指结构或构件按正常使用极限状态短期效应组合设计时，采用的一种可变作用代表值，其值可根据在足够长观测期内作用任意时点概率分布的0.95分位值确定。

（2）作用设计值

作用的设计值为作用的标准值乘以相应的作用分项系数，作用分项系数见任务6.2。

3. 作用代表值和设计值确定方法

（1）作用代表值

公路桥涵设计时，对不同的作用应采用不同的代表值。永久作用应采用标准值作为代表值。可变作用应根据不同的极限状态分别采用标准值、频遇值或准永久值作为其代表值，承载能力极限状态设计及按弹性阶段计算结构强度时应采用标准值作为可变作用的代表值；正常使用极限状态按短期效应（频遇）组合设计时，应采用频遇值作为可变作用的代表值；按长期效应（准永久）组合设计时，应采用准永久值作为可变作用的代表值。偶然作用取其标准值作为代表值。

（2）永久作用的标准值，对结构自重（包括结构附加重力），可按结构构件的设计尺寸与材料的重力密度计算确定。

（3）可变作用的标准值应按《公路桥涵设计通用规范》中的规定采用。可变作用频遇值为可变作用标准值乘以频遇值系数 Ψ_1。可变作用准永久值为可变作用标准值乘以准永久值系数 Ψ_2。

$$Q_{pk} = \Psi_1 \cdot Q_k \tag{6-1}$$

式中 Q_{pk}——可变作用频遇值；

Q_k——可变作用标准值；

Ψ_1——可变作用频遇值系数，汽车荷载取0.7，人群荷载取1.0，风荷载取0.75，温度梯度作用取0.8，其他作用取1.0。

$$Q_{zk} = \Psi_2 \cdot Q_k \tag{6-2}$$

式中 Q_{zk}——可变作用准永久值；

Q_k——可变作用标准值；

Ψ_2——可变作用准永久值系数，对汽车荷载（不计冲击力）取0.4，人群荷载取0.4，风荷载取0.75，温度梯度作用取0.8，其他作用取1.0。

（4）偶然作用应根据调查、试验资料，结合工程经验确定其标准值。

【任务布置】

1. 简述作用的种类？

2. 简述永久作用、可变作用及偶然作用的代表值?

任务 6.2 掌握结构极限状态设计原则

【任务描述】

工程结构的计算方法经历了容许应力法、安全（经验）系数设计法、极限状态设计法（又称多系数设计法）的发展过程。目前采用的概率极限状态设计法是以概率为基础，以工程结构某一功能的极限状态为依据的设计方法。

通过学习本任务，应掌握极限状态的概念、分类及相应的设计表达式。

【任务实施】

1. 极限状态的概念

结构的极限状态实质上是一种分界状态，结构从受到外荷载（作用）开始要经历不同的应力阶段直到破坏（失效），该状态是有效状态和失效状态的分界。结构设计就是以这一状态为准则，使结构处于可靠状态。《公路工程结构可靠度设计统一标准》GB/T 50283 对极限状态给出的定义为：整体结构或结构的一部分超过某一特定状态就不能满足设计规定的某一功能要求时，此特定状态为该功能的极限状态。

2. 极限状态的分类

根据公路桥涵结构的功能要求不同，极限状态共分两类：承载能力极限状态和正常使用极限状态。

承载能力极限状态是指对应于桥涵结构或其构件达到最大承载能力或出现不适于继续承载的变形或变位的状态。如：整个结构或结构的一部分作为刚体失去平衡（如阳台、雨篷的倾覆等）；结构构件因超过材料强度而破坏（包括疲劳破坏）；结构或结构构件丧失稳定（如长细杆的压屈失稳破坏等）。

正常使用极限状态是指对应于桥涵结构或其构件达到正常使用或耐久性的某项限值的状态。如：影响正常使用或外观的变形（如过大的变形使房屋内部粉刷层脱落，填充墙开裂）；影响正常使用的振动；影响正常使用的其他特定状态（如沉降量过大等）。

公路桥涵应根据不同种类的作用（或荷载）及其对桥涵的影响、桥涵所处的环境条件，考虑以下三种设计状况，并对其进行相应的极限状态设计。

持久状况：桥涵建成后承受自重、汽车荷载等持续时间很长作用的状况。该状况下的桥涵应进行承载能力极限状态和正常使用极限状态设计。按持久状况承载能力极限状态设计时，公路桥涵结构的设计安全等级，应根据结构破坏可能产生的后果的严重程度划分为三个设计等级，并不低于表 6-2 的规定。

公路桥涵结构的设计安全等级　　**表 6-2**

设计安全等级	桥涵结构
一级	特大桥、重要大桥
二级	大桥、中桥、重要小桥

续表

设计安全等级	桥涵结构
三级	小桥、涵洞

注：1. 本表所列特大、大、中桥等系按《公路钢筋混凝土及预应力混凝土桥涵设计规范》第1.0.11中的单孔跨径确定，对多跨不等跨桥梁，以其中最大跨径为准；
2. 本表冠以“重要”的大桥和小桥，系指高速公路和一级公路上、国防公路上及城市附近交通繁忙公路上的桥梁；
3. 对于有特殊要求的公路桥涵结构，其设计安全等级可根据具体情况研究确定；
4. 同一桥涵结构构件的安全等级宜与整体结构相同，有特殊要求时可作部分调整，但调整后的级差不得超过一级。

短暂状况：桥涵施工过程中承受临时性作用的状况。该状况下的桥涵仅做承载能力极限状态设计，必要时才做正常使用极限状态设计。

偶然状况：在桥涵使用过程中可能偶然出现的状况。该状况下的桥涵仅做承载能力极限状态设计。

3. 概率极限状态设计法

公路桥涵结构应考虑结构上可能同时出现的作用，按承载力极限状态和正常使用极限状态进行作用效应组织，取其最不利效应进行设计。

（1）按承载力极限状态设计

桥梁构件的承载力极限状态计算，应采用下列表达式：

$$\gamma_0 S_{ud} \leqslant R \tag{6-3a}$$

$$R = R(f_d, a_d) \tag{6-3b}$$

式中 γ_0——结构重要性系数，对安全等级为一级的结构构件不应小于1.1，对安全等级为二级的结构构件不应小于1.0，对安全等级为三级的结构构件不应小于0.9；桥梁的抗震设计不考虑结构的重要性系数；

S_{ud}——作用（荷载）效应（其中汽车荷载效应应计入冲击系数）的基本组合设计值，当进行预应力混凝土连续梁等超静定结构的承载力极限状态计算时，式(6-3a)中的作用（或荷载）效应项应为 $\gamma_0 S_{ud} + \gamma_p S_p$，其中 S_p 为预应力（扣除全部预应力损失）引起的次应力，γ_p 为预应力系数，当预应力效应对结构有利时，取 $\gamma_p = 1.0$；对结构不利时，取 $\gamma_p = 1.2$；

R——结构构件的承载力设计值；

$R(\cdot)$——结构构件的承载力函数；

f_d——材料强度设计值；

a_d——几何参数的强标准值，当无可靠数据时，可采用几何参数标准 a_k，即设计文件规定值。

公路桥涵结构按承载能力极限状态设计时，应采用以下两种作用效应组合：

① 基本组合

永久作用设计值效应与可变作用设计值效应相组合，其效应组合表达式为：

$$S_{ud} = \sum_{i=1}^{m} \gamma_{Gi} S_{Gik} + \gamma_{Q1} S_{Q1k} + \Psi_c \sum_{j=2}^{n} \gamma_{Qj} S_{Qjk} \tag{6-4a}$$

$$S_{ud} = \sum_{i=1}^{m} S_{Gid} + S_{Q1d} + \Psi_c \sum_{j=2}^{n} S_{Qjd} \tag{6-4b}$$

式中 S_{ud}——承载能力极限状态下作用基本组合的效应组合设计值；

γ_{Gi}——第 i 个永久作用效应的分项系数，应按表 6-3 的规定采用；

S_{Gik}，S_{Gid}——分别为第 i 个永久作用效应的标准值和设计值；

γ_{Q1}——汽车荷载效应（含汽车冲击力、离心力）的分项系数，取 $\gamma_{Q1}=1.4$。当某个可变作用在效应组合中其值超过汽车荷载效应时，则该作用取代汽车荷载，其分项系数应采用汽车荷载的分项系数；对专为承受某作用而设置的结构或装置，设计时该作用的分项系数取与汽车荷载同值；计算人行道板和人行道栏杆的局部荷载，其分项系数也与汽车荷载取同值；

S_{Q1k}，S_{Q1d}——分别为汽车荷载效应（含汽车冲击力、离心力）的标准值和设计值；

γ_{Qj}——在作用效应组合中除汽车荷载效应（含汽车冲击力、离心力）、风荷载外的其他第 j 个可变作用效应的分项系数，取 $\gamma_{Qj}=1.4$，但风荷载的分项系数取 $\gamma_{Qj}=1.1$；

S_{Qjk}，S_{Qjd}——分别为在作用效应组合中除汽车荷载效应（含汽车冲击力、离心力）外的其他第 j 个可变作用效应的标准值和设计值；

Ψ_c——在作用效应组合中除汽车荷载效应（含汽车冲击力、离心力）外的其他可变作用效应的组合系数，当永久作用与汽车荷载和人群荷载（或其他一种可变作用）组合时，人群荷载（或其他一种可变作用）的组合系数取 $\Psi_c=0.8$；当除汽车荷载（含汽车冲击力、离心力）外尚有两种其他可变作用参与组合时，其组合系数取 $\Psi_c=0.7$；尚有三种可变作用参与组合时，其组合系数取 $\Psi_c=0.6$；尚有四种及多于四种的可变作用参与组合时，取 $\Psi_c=0.5$。

设计弯桥时，当离心力与制动力同时参与组合时，制动力标准值或设计值按 70%取用。

永久作用效应的分项系数 **表 6-3**

<table>
<tr><th rowspan="2">编号</th><th rowspan="2" colspan="2">作用类别</th><th colspan="2">永久作用效应分项系数</th></tr>
<tr><th>对结构的承载能力不利时</th><th>对结构的承载能力有利时</th></tr>
<tr><td rowspan="2">1</td><td colspan="2">混凝土和圬工结构重力（包括结构附加重力）</td><td>1.2</td><td rowspan="2">1.0</td></tr>
<tr><td colspan="2">钢结构重力（包括结构附加重力）</td><td>1.1 或 1.2</td></tr>
<tr><td>2</td><td colspan="2">预加力</td><td>1.2</td><td>1.0</td></tr>
<tr><td>3</td><td colspan="2">土的重力</td><td>1.2</td><td>1.0</td></tr>
<tr><td>4</td><td colspan="2">混凝土的收缩及徐变作用</td><td>1.0</td><td>1.0</td></tr>
<tr><td>5</td><td colspan="2">土侧压力</td><td>1.4</td><td>1.0</td></tr>
<tr><td>6</td><td colspan="2">水的浮力</td><td>1.0</td><td>1.0</td></tr>
<tr><td rowspan="2">7</td><td rowspan="2">基础变位作用</td><td>混凝土和圬工结构</td><td>0.5</td><td>0.5</td></tr>
<tr><td>钢结构</td><td>1.0</td><td>1.0</td></tr>
</table>

注：本表编号 1 中，当钢桥采用钢桥面板时，永久作用效应分项系数取 1.1，当采用混凝土桥面板时，取 1.2。

② 偶然组合

永久作用标准值效应与可变作用某种代表值效应，以及一种偶然作用标准值效应相组合，称为偶然组合。偶然作用的效应分项系数取 1.0；与偶然作用同时出现的可变作用，可根据观测资料和工程经验取用适当的代表值。地震作用标准值及其表达式按现行《公路工程抗震设计规范》的规定采用。

（2）按正常使用极限状态设计

公路桥涵结构按正常使用极限状态设计时，应根据不同的设计要求，采用以下两种效应组合：

① 作用短期效应组合

永久作用标准值效应与可变作用频遇值效应相组合，其效应组合表达式为：

$$S_{sd}=\sum_{i=1}^{m}S_{Gik}+\sum_{j=1}^{n}\Psi_{1j}S_{Qjk} \tag{6-5}$$

式中 S_{sd}——作用短期效应组合设计值；

Ψ_{1j}——第 j 个可变作用效应的频遇值系数，汽车荷载（不计冲击力）$\Psi_1=0.7$，人群荷载 $\Psi_1=1.0$，风荷载 $\Psi_1=0.75$，温度梯度作用 $\Psi_1=0.8$，其他作用 $\Psi_1=1.0$；

$\Psi_{1j}S_{Qjk}$——第 j 个可变作用效应的频遇值。

② 作用长期效应组合

永久作用标准值效应与可变作用准永久值效应相组合，其效应组合表达式为：

$$S_{ld}=\sum_{i=1}^{m}S_{Gik}+\sum_{j=1}^{n}\Psi_{2j}S_{Qjk} \tag{6-6}$$

式中 S_{ld}——作用长期效应组合设计值；

Ψ_{2j}——第 j 个可变作用效应的准永久值系数，汽车荷载（不计冲击力）$\Psi_2=0.4$，人群荷载 $\Psi_2=0.4$，风荷载 $\Psi_2=0.75$，温度梯度作用 $\Psi_2=0.8$，其他作用 $\Psi_2=1.0$；

$\Psi_{2j}S_{Qjk}$——第 j 个可变作用效应的准永久值。

【任务布置】

1. 什么是极限状态？分为几类？
2. 如何确定公路桥涵结构的设计安全等级？

任务 6.3　认识钢筋混凝土梁、板构造规定

【任务描述】

钢筋和混凝土是公路桥涵工程结构中的两种材料。通过本任务学习，应认识钢筋和混凝土两种材料的种类、力学性能，以及钢筋和混凝土共同工作的原理。

钢筋混凝土梁、板在荷载作用下要保证其结构功能，不但要满足承载力计算的要求，同时其截面形状、尺寸、材料及截面配筋也要满足构造要求。通过学习本任务，应掌握钢筋混凝土梁、板的构造要求。

【任务实施】

1. 钢筋混凝土结构基本知识

(1) 混凝土

混凝土是由砂、石、水泥和水按一定比例混合而成的。评价混凝土质量优劣的指标主要是其强度和耐久性指标，此外还有徐变、收缩、弹性模量等指标。

① 立方体抗压强度及其取值

以边长为150mm的立方体试件在20±3℃的温度和相对湿度在90%以上的潮湿空气中养护28d或设计规定龄期，依照标准试验方法测得的具有95%保证率的混凝土抗压强度值，称为混凝土立方体抗压强度标准值，用$f_{cu,k}$表示（以N/mm^{2}或MPa计）。《公路钢筋混凝土及预应力混凝土桥涵设计规范》JTG D 62—2004（以下简称《公路桥规》）规定，混凝土的强度等级分为14级：C15、C20、C25、C30、C35、C40、C45、C50、C55、C60、C65、C70、C75和C80。其中，C50以下为普通混凝土，C50～C80属高强度混凝土。实际工程中如采用边长200mm或100mm的立方体试块，测得的立方体强度分别乘以换算系数1.05和0.95。

② 混凝土轴心抗压强度

由于实际结构和构件往往不是立方体，而是棱柱体，所以用棱柱体试件（100mm×100mm×300mm）比立方体试件能更好地反映混凝土的实际抗压能力。试验证明，轴心抗压钢筋混凝土短柱中的混凝土抗压强度基本上和棱柱体抗压强度相同，可以用棱柱体测得的抗压强度作为轴心抗压强度，又称为棱柱体抗压强度。用标准试件在标准环境下养护28d龄期，测得具有95%保证率的混凝土抗压强度值，称为混凝土轴心抗压强度标准值，用符号f_{ck}表示；混凝土轴心抗压强度设计值f_{cd}为轴心抗压强度标准值除以混凝土的材料分项系数，即：

$$f_{cd}=\frac{f_{ck}}{\gamma_{fc}} \tag{6-7}$$

式中：混凝土的材料分项系数γ_{fc}=1.45。

③ 混凝土轴心抗拉强度

混凝土的抗拉强度比立方体抗压强度低得多，混凝土的抗拉强度取决于水泥石的强度和水泥石与骨料的粘结强度。轴心抗拉强度是混凝土的基本力学性能指标，混凝土构件的开裂、变形以及受剪、受扭、受冲切等承载力均与混凝土抗拉强度有关。

混凝土轴心抗拉强度，可以通过抗拉试验或者劈裂试验来测定，测得具有95%保证率的混凝土轴心抗拉强度值，称为混凝土轴心抗拉强度标准值，用符号f_{tk}表示；混凝土轴心抗压强度设计值f_{td}为轴心抗拉强度标准值除以混凝土的材料分项系数（γ_{fc}=1.45），即：

$$f_{td}=\frac{f_{tk}}{\gamma_{fc}} \tag{6-8}$$

混凝土轴心抗压强度与抗拉强度的标准值及设计值按表6-4取用。

混凝土强度标准值及设计值（MPa） **表 6-4**

强度种类		轴心抗压强度		轴心抗拉强度	
		标准值 f_{ck}	设计值 f_{cd}	标准值 f_{tk}	设计值 f_{td}
混凝土强度等级	C15	10.0	6.9	1.27	0.88
	C20	13.4	9.2	1.54	1.06
	C25	16.7	11.5	1.78	1.23
	C30	20.1	13.8	2.01	1.39
	C35	23.4	16.1	2.20	1.52
	C40	26.8	18.4	2.40	1.65
	C45	29.6	20.5	2.51	1.74
	C50	32.4	22.4	2.65	1.83
	C55	35.5	24.4	2.74	1.89
	C60	38.5	26.5	2.85	1.96
	C65	41.5	28.5	2.93	2.02
	C70	44.5	30.5	3.00	2.07
	C75	47.4	32.4	3.05	2.10
	C80	50.2	34.6	3.10	2.14

注：计算现浇钢筋混凝土轴心受压和偏心受压构件时，如截面长边或直径小于 300mm，表中数值应乘以 0.8；当构件质量（混凝土成型、截面和轴心尺寸等）确有保证时，可不受此限。

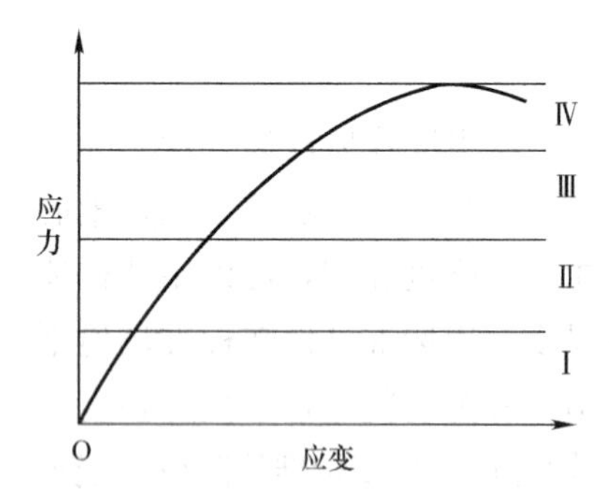

图 6-1 混凝土静压应力-应变曲线

④ 混凝土的变形性能

荷载作用下的变形分为短期荷载作用下的变形和长期荷载作用下的变形。

混凝土在短期荷载作用下的变形是一种弹塑性变形，其应力-应变曲线如图 6-1 所示。混凝土在受荷前内部存在随机分布的不规则微细界面裂缝，当荷载不超过极限应力的 30%时（阶段Ⅰ），这些裂缝无明显变化，荷载（应力）与变形（应变）接近直线关系；当荷载达到极限应力的 30%～50%时（阶段Ⅱ），裂缝数量开始增加且缓慢伸展，应力-应变曲线随界面裂缝的演变逐渐偏离直线，产生弯曲；当荷载超过极限应力的 50%时（阶段Ⅲ），界面裂缝就不再稳定，而且逐渐延伸至砂浆基体中；当荷载超过极限应力的 75%时（阶段Ⅳ），界面裂缝与砂浆裂缝互相贯通，成为连续裂缝，混凝土变形加速增大，荷载曲线明显的弯向水平应变轴；当荷载超过极限应力时，混凝土承载能力迅速下降，连续裂缝急剧扩展而导致混凝土完全破坏。

混凝土应力-应变曲线上任一点的应力 σ 与其应变 ε 的比值，称为混凝土在该应力下的变形模量，它反映了混凝土的刚度。弹性模量 E_c 是计算钢筋混凝土结构的变形、裂缝的开展必不可少的参数，可参照表 6-5 取用。

混凝土的弹性模量（10^4 MPa） **表 6-5**

混凝土强度等级	C15	C20	C25	C30	C35	C40	C45	C50	C55	C60	C65	C70	C75	C80
弹性模量 E_c	2.20	2.55	2.80	3.00	3.15	3.25	3.35	3.45	3.55	3.60	3.65	3.70	3.75	3.80

注：采用引气剂及较高砂率的泵送混凝土且无实测资料时，表中 C50～C80 混凝土的弹性模量值应乘以折减系数 0.95。

混凝土承受持续荷载时，随时间的延长而增加的变形，称为徐变。混凝土徐变在加

荷早期增长较快，然后逐渐减缓，当混凝土卸载后，一部分变形瞬时恢复，还有一部分要过一段时间后才恢复，称徐变恢复；剩余不可恢复部分，称残余变形，如图6-2所示。徐变在开始半年内增长较快，以后逐渐减慢，经过一定时间后，徐变趋于稳定。

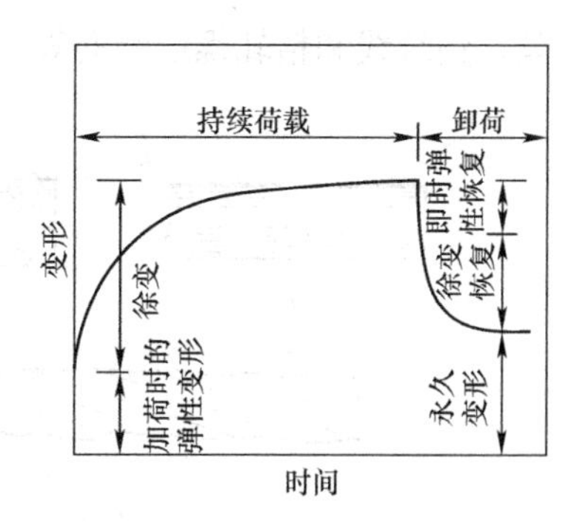

图6-2　混凝土的徐变和恢复

混凝土的徐变对混凝土及钢筋混凝土结构物的应力和应变状态有很大影响。在某些情况下，徐变有利于削弱由温度、干缩等引起的约束变形，从而防止产生裂缝。但在预应力结构中，徐变将产生应力松弛，引起预应力损失，造成不利影响。

⑤ 混凝土的收缩变形和膨胀变形

混凝土在空气中硬化，体积缩小的现象称为混凝土的收缩。混凝土的收缩对混凝土的构件会产生有害的影响，例如使构件产生裂缝，对预应力混凝土构件会引起预应力损失等。减少收缩的主要措施：控制水泥用量及水灰比、混凝土振捣密实、加强养护等，对纵向延伸的结构，在一定长度上需设置伸缩缝。

混凝土在水中结硬或者受潮后，体积会增加，这种现象称为膨胀变形。

⑥ 混凝土的耐久性

混凝土的耐久性是指在外部和内部不利因素的长期作用下，必须保持适合于使用，而不需要进行维修加固，即保持其原有设计性能和使用功能的性质。

公路桥涵应根据其所处环境条件进行耐久性设计，结构混凝土耐久性的基本要求应符合表6-6的规定。

结构混凝土耐久性的基本要求　　表6-6

环境类别	环境条件	最大水灰比	最小水泥用量（kg/m³）	最低混凝土强度等级	最大氯离子含量（%）	最大碱含量（kg/m³）
Ⅰ	温暖或寒冷地区的大气环境、与无侵蚀性的水或土接触的环境	0.55	275	C25	0.30	3.0
Ⅱ	严寒地区的大气环境、使用除冰盐环境、滨海环境	0.50	300	C30	0.15	3.0
Ⅲ	海水环境	0.45	300	C35	0.10	3.0
Ⅳ	受侵蚀性物质影响的环境	0.40	325	C35	0.10	3.0

注：1. 有关现行规范对海水环境中结构混凝土的最大水灰比用量有更详细规定时，可参照执行；
2. 表中氯离子含量系指其与水泥用量的百分比；
3. 当有实际工程经验时，处于Ⅰ类环境中的结构混凝土的最低强度等级可比表中降低一个等级；
4. 预应力混凝土构件中的最大氯离子含量为0.06%，最小水泥用量为350kg/m³，最低混凝土强度等级为C40或按表中规定Ⅰ类环境提高三个等级，其他环境类别提高两个等级；
5. 特大桥和大桥混凝土中的最大碱含量宜降至1.8kg/m³，当处于Ⅲ类、Ⅳ类或使用除冰盐和滨海环境时，宜使用非碱活性骨料；
6. 特大桥指多孔跨径总长>1000m，单孔跨径>150m的桥；大桥指多孔跨径总长在100～1000m之间，单孔跨径在40～150m之间的桥。

（2）钢材

① 钢筋

公路桥涵结构用钢筋主要推荐热轧钢筋、热处理钢筋、冷轧带肋钢筋、消除应力钢丝、钢绞线和精轧螺纹钢筋等。常用钢筋、钢丝和钢绞线的外形如图 6-3 所示。

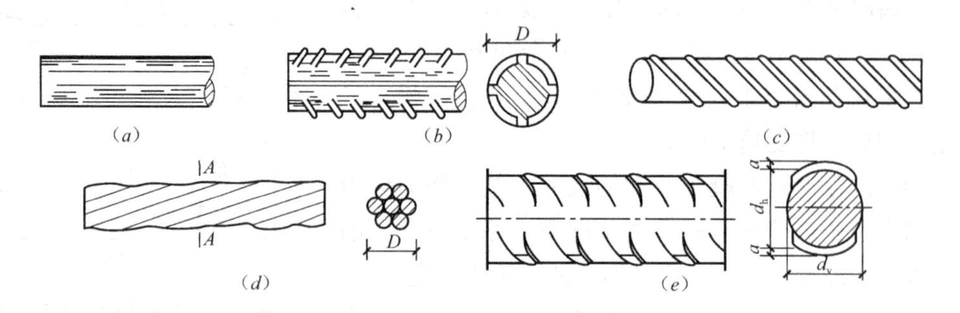

图 6-3 常用钢筋、钢丝和钢绞线的外形

(*a*) 光面钢筋；(*b*) 月牙纹钢筋；(*c*) 螺旋肋钢丝；

(*d*) 钢绞线（7 股）；(*e*) 预应力螺纹钢筋

热轧钢筋：由低碳素结构钢、低合金高强度结构钢在高温状态下轧制而成，按其力学指标常用的钢筋强度等级有 R235、HRB335、HRB400、KL400 级。其中 R235 为光圆钢筋，公称直径 8～20mm，以 2mm 递增；HRB335、HRB400 为热轧带肋钢筋，公称直径 6～50mm，22mm 以下以 2mm 递减，22mm 以上为 25、28、32、36、40、50mm；KL400 级为余热处理钢筋，公称直径 8～40mm，直径进级与 HRB 钢筋相同。

冷轧带肋钢筋：它是用热轧盘条经多道冷轧减径，一道压肋并经消除内应力后形成的一种带有二面或三面月牙形的钢筋。按其抗拉强度分三级，即 LL550 级、LL650 级和 LL800 级，公称直径 4～12mm，常用公称直径有 5、6、7、8、9、10mm。

消除应力钢丝：它是由高碳钢条经淬火、酸洗、拉拔制成，包括光面钢丝、螺旋肋钢丝和刻痕钢丝。

热处理钢筋：它是将热轧的带肋钢筋（中碳低合金钢）经淬火和高温回火调质处理而成的。其特点是延性降低不大，但强度提高很多，综合性能比较理想。

钢绞线：它是由多根高强度钢丝，以一根直径稍粗的钢丝为轴心沿同一方向扭绕并经低温回火处理而成。

② 钢筋的力学性能

混凝土结构中所用钢筋按其拉伸的应力-应变曲线分为有明显屈服点钢筋和无明显屈服点的钢筋两类，如图 6-4、图 6-5 所示。

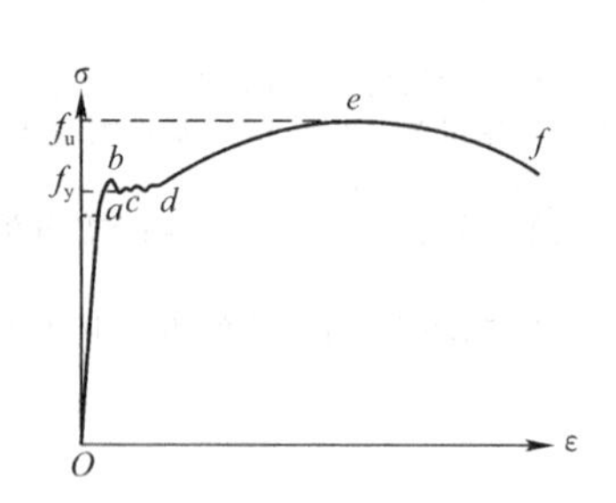

图 6-4 有明显屈服点钢筋的应力-应变关系

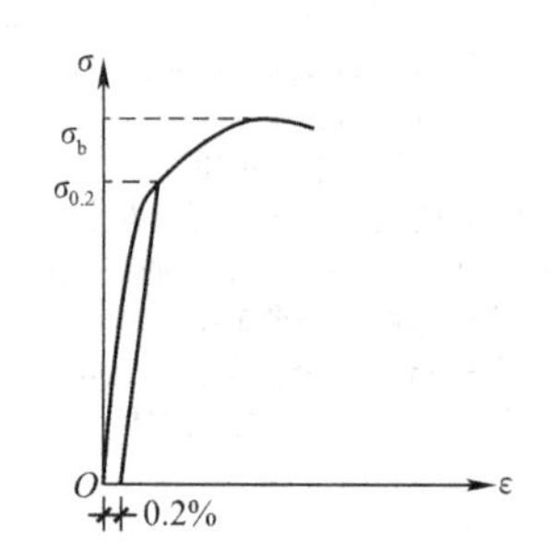

图 6-5 无明显屈服点钢筋的应力-应变关系

有明显屈服点的钢筋，从图中可以看出应力-应变曲线上有一个明显的台阶（图 6-4 中 c-d 段），称为屈服台阶，说明低碳钢有良好的塑性变形性能。低碳钢在屈服时对应的应力称为屈服强度，是钢筋强度设计时的主要依据。应力的最大值称为极限抗拉强度。极限抗拉强度与屈服强度的比值，反映钢筋的强度储备，称为强屈比。

无明显屈服点的钢筋，表现出强度高，延性低的特点。设计时取残余应变为 0.2%时的应力 $\sigma_{0.2}$ 作为假想屈服强度，称为“条件屈服强度”。

③ 钢筋的强度及其取值

钢筋的强度是通过试验测得的。为保证结构设计的可靠性，对同一强度等级的钢筋，取钢筋屈服点且具有 95%保证率的强度值作为钢筋强度标准值的依据。

钢筋混凝土结构按承载力设计计算时，钢筋应采用强度设计值。强度设计值为强度标准值除以材料的分项系数。对有明显屈服点的钢筋和精轧螺纹钢筋，材料分项系数为 1.2；对于钢丝和钢绞线为 1.47。

普通钢筋、预应力钢筋的抗拉（压）强度标准值与设计值分别按表 6-7～表 6-10 采用。

普通钢筋抗拉强度标准值（MPa）　　**表 6-7**

钢筋种类	符号	f_{sk}	钢筋种类	符号	f_{sk}
R235　d=8～20	ϕ	235	HRB400　d=6～50	Φ	400
HRB335　d=6～50	Φ	335	KL400　d=8～40	Φ^R	400

注：表中 d 系指国家标准中的钢筋公称直径，单位 mm。

预应力钢筋抗拉强度标准值（MPa）　　**表 6-8**

钢筋种类			符号	f_{pk}
钢绞线	1×2（二股）	d=8.0、10.0 d=12.0	ϕ^S	1470、1570、1720、1860 1470、1570、1720、
	1×3（三股）	d=8.6、10.8 d=12.9		1470、1570、1720、1860 1470、1570、1720、
	1×7（七股）	d=9.5、11.1、12.7 d=15.2		1860 1720、1860
消除应力钢丝	光面螺旋肋	d=4、5 d=6 d=7、8、9	ϕ^P ϕ^H	1470、1570、1670、1770 1570、1670 1470、1570
	刻痕	d=5、70	ϕ^I	1470、1570
精轧螺纹钢筋		d=40 d=18、25、32	JL	540 540、785、930

注：表中 d 系指国家标准中钢绞线、钢丝和精轧螺纹钢筋的公称直径，单位 mm。

普通钢筋抗拉、抗压强度设计值（MPa）　　**表 6-9**

钢筋种类	f_{sd}	f'_{sd}	钢筋种类	f_{sd}	f'_{sd}
R235　d=8～20mm	195	195	HRB400　d=6～50mm	330	330
HRB335　d=6～50mm	280	280	KL400　d=8～40mm	330	330

注：1. 钢筋混凝土轴心受拉和小偏心受拉构件的钢筋抗拉强度设计值大于 330MPa 时，仍应按 330MPa 取用；
2. 构件中配有不同种类的钢筋时，每种钢筋应采用各自的强度设计值。

预应力钢筋抗拉、抗压强度设计值（MPa） 表 6-10

钢筋种类		f_{pd}	f'_{pd}
钢绞线 1×2（二股） 1×3（三股） 1×4（七股）	$f_{pk}=1470$	1000	390
	$f_{pk}=1570$	1070	
	$f_{pk}=1720$	1170	
	$f_{pk}=1860$	1260	
消除应力光面钢丝和螺旋肋钢丝	$f_{pk}=1470$	1000	410
	$f_{pk}=1570$	1070	
	$f_{pk}=1670$	1140	
	$f_{pk}=1770$	1200	
消除应力刻痕钢丝	$f_{pk}=1470$	1000	410
	$f_{pk}=1570$	1070	
精轧螺纹钢筋	$f_{pk}=540$	450	400
	$f_{pk}=785$	650	
	$f_{pk}=930$	770	

④ 钢筋的弹性模量

钢筋的弹性模量取其比例极限应力与相应应变的比值，常用钢筋的弹性模量按表 6-11 采用。

钢筋的弹性模量（MPa） 表 6-11

钢 筋 各 类	E_s	钢 筋 各 类	E_p
R235	2.1×10^5	消除应力光面钢丝、螺旋肋钢丝、刻痕钢丝	2.05×10^5
HRB335、HRB400、KL400、精轧螺纹钢筋	2.1×10^5	钢绞线	1.95×10^5

（3）钢筋与混凝土共同工作

钢筋和混凝土之所以能有效的结合在一起共同工作，主要原因是混凝土硬化后与钢筋之间产生了良好的粘结力；其次，钢筋和混凝土的温度线膨胀系数几乎相同，在温度变化时，二者的变形基本相等，不致破坏钢筋混凝土结构的整体性；第三，钢筋被混凝土包裹着，从而使钢筋不会因大气的侵蚀而生锈变质，提高耐久性。

目前尚无关于粘结力的计算理论，必须在构件设计时采取有效的构造措施加以保证。例如，钢筋伸入支座应有足够的锚固长度；保证钢筋最小搭接长度；钢筋的间距和混凝土的保护层不能太小；要优先采用小直径的变形钢筋；光面钢筋末端应设弯钩；钢筋不宜在混凝土的受拉区截断；在大直径钢筋的搭接和锚固区域内宜设置横向钢筋（如箍筋）等。

钢筋在混凝土的最小锚固长度 l_a 与钢筋的强度、混凝土强度、钢筋直径及外形有关。l_a 按下式计算：

$$l_a = \alpha \frac{f_{sk}}{\tau} \cdot d \tag{6-9}$$

式中 f_{sk}——钢筋的抗拉强度设计值；

d——锚固钢筋的直径（mm）；

τ——构件混凝土的预应力；

α——锚固钢筋的外形系数，按表 6-12 取值。

锚固钢筋的外形系数 α　　　　表 6-12

钢筋类型	光面钢筋	带肋钢筋	螺旋钢筋	三股钢绞线	七股钢胶线
钢筋外形系数	0.16	0.14	0.13	0.16	0.17

当计算中充分利用钢筋的强度时，其最小锚固长度 l_a 按表 6-13 采用。

钢筋最小锚固长度 l_a　　　　表 6-13

项目 \ 混凝土强度等级 \ 钢筋种类		R235				HRB335				HRB400，KL400			
		C20	C25	C30	≥C40	C20	C25	C30	≥C40	C20	C25	C30	≥C40
受压钢筋（直端）		40d	35d	30d	25d	35d	30d	25d	20d	40d	35d	30d	25d
受拉钢筋	直端	—	—	—	—	40d	35d	30d	25d	45d	40d	35d	30d
	弯钩端	35d	30d	25d	20d	30d	25d	25d	20d	35d	30d	30d	25d

注：1. d 为钢筋直径；
2. 对于受压束筋和等代直径 $d_e \leqslant 28$mm 的受拉束筋的锚固长度，应以等代直径按表值确定，束筋的各单根钢筋在同一锚固终点截断；对于等代直径 $d_e > 28$mm 的受拉束筋，束筋内各单根钢筋，应自锚固起点开始，以表内规定的单根钢筋的锚固长度的 1.3 倍，呈阶梯形逐根延伸后截断，即自锚固起点开始，第一根延伸 1.3 倍单根钢筋的锚固长度，第二根延伸 2.6 倍单根钢筋的锚固长度，第三根延伸 3.9 倍单根钢筋的锚固长度；
3. 采用环氧树脂涂层钢筋时，受拉钢筋最小锚固长度应增加 25%；
4. 当混凝土在凝固过程中易受扰动时，锚固长度应增加 25%。

（4）钢筋与混凝土的选取

① 公路混凝土桥涵的钢筋应按下列规定采用：

钢筋混凝土及预应力混凝土构件中的普通钢筋宜选用热轧 R235、HRB335、HRB400 及 KL400 钢筋，预应力混凝土构件中的箍筋应选用其中的带肋钢筋；按构造要求配置的钢筋网可采用冷轧带肋钢筋。

预应力混凝土构件中的预应力钢筋应选用钢绞线、钢丝；中、小型构件或竖、横向预应力钢筋，也可选用精轧螺纹钢筋。

② 公路桥涵受力构件的混凝土强度等级应按下列规定采用：钢筋混凝土构件不应低于 C20，当用 HRB400、KL400 级钢筋配筋时，不应低于 C25；预应力混凝土构件不应低于 C40。

2. 钢筋混凝土梁、板构造要求

（1）一般规定

① 普通钢筋和预应力直线形钢筋的最小混凝土保护层厚度（钢筋外缘或管道外缘至混凝土表面的距离）不应小于钢筋公称直径，后张法构件预应力直线形钢筋不应小于其管道直径的 1/2，且应符合表 6-14 的规定。

普通钢筋和预应力直线形钢筋的最小混凝土保护层厚度（mm）　　　　表 6-14

序号	构件类别	环境条件		
		Ⅰ	Ⅱ	Ⅲ、Ⅳ
1	基础、桩基承台（1）基坑底面有垫层或侧面有模板（受力主筋） （2）基坑底面无垫层或侧面无模板（受力主筋）	40 60	50 75	60 85
2	墩台身、挡土结构、涵洞、梁、板、拱圈、拱上建筑（受力主筋）	30	40	45
3	人行道构件、栏杆（受力主筋）	20	25	30

续表

序号	构件类别	环境条件		
		Ⅰ	Ⅱ	Ⅲ、Ⅳ
4	箍筋	20	25	30
5	缘石、中央分隔带、护栏等行车道构件	30	40	45
6	收缩、温度、分布、防裂等表层钢筋	15	20	25

注：对于环氧树脂涂层钢筋，可按环境类别Ⅰ取用。

② 当受拉区主筋的混凝土保护层厚度大于50mm时，应在保护层内设置直径不小于6mm，间距不大与100mm的钢筋网。

③ 组成束筋的单根钢筋直径不应大于36mm。组成束筋的单根钢筋根数，当其直径不大于28mm时不应多于三根，当其直径大于28mm时应为两根。束筋成束后的等代直径为$d_e=\sqrt{n}\cdot d$，其中n为组成束筋的钢筋根数，d为单根钢筋直径。当单根钢筋直径或束筋的等代直径大于36mm时，受拉区应设表层钢筋网，在顺束筋长度方向，钢筋直径不应小于10mm，其间距不应于100mm，在垂直于束筋长度方向，钢筋直径不应小于6mm，其间距不应大于100mm。上述钢筋网的布置范围，应超出束筋的设置范围，每边不小于5倍钢筋直径或束筋等代直径。

④ 箍筋的末端应做成弯钩，弯钩角度可取135°。弯钩的弯曲直径应大于被箍的受力主钢筋的直径，且R235钢筋不应小于箍筋直径的2.5倍，HRB335钢筋不应小于箍筋直径的4倍。弯钩平直段长度，一般结构不应小于箍筋直径的5倍，抗震结构不应小于箍筋直径的10倍。

⑤ 受拉钢筋端部弯钩应符合表6-15规定。

受拉钢筋端部弯钩　　表6-15

弯曲部位	弯曲角度	形状	钢筋	弯曲直径 D	平直长度
末端弯钩	180°	d；D；$\geq 3d$	R235	$\geq 2.5d$	$\geq 3d$
	135°	d；D；$\geq 5d$	HRB335	$\geq 4d$	$\geq 5d$
			HRB400 KL400	$\geq 5d$	
	90°	d；D；$\geq 10d$	HRB335	$\geq 4d$	$\geq 10d$
			HRB400 KL400	$\geq 5d$	
中间变折	$\leq 90°$	D；d；D	各种钢筋	$\geq 20d$	—

注：采用环氧树脂涂层钢筋时，除应满足表内规定外，当钢筋直径$d\leq 20$mm时，弯钩内直径D不应小于$4d$；当$d>20$mm时，弯钩内直径D不应小于$6d$；直线段长度不应小于$5d$。

⑥ 钢筋接头宜采用焊接接头和钢筋机械连接接头（套筒挤压接头、镦粗直螺纹接头），当施工或构造条件有困难时，也可采用绑扎接头。钢筋接头宜设在受力较小区段，

并宜错开布置。绑扎接头的钢筋直径不宜大于 28mm，但轴心受压和偏心受压构件中的受压钢筋，可不大于 32mm。轴心受拉和小偏心受拉构件不应采用绑扎接头。

⑦ 钢筋焊接接头宜采用闪光接触对焊；当闪光接触对焊条件不具备时，也可采用电弧焊（帮条焊或搭接焊）、电渣压力焊和气压焊。电弧焊应采用双面焊缝，不得已时方可采用单面焊缝。

⑧ 受拉钢筋绑扎接头的搭接长度，应符合表 6-16 的规定；受压钢筋绑扎接头的搭接长度，应取受拉钢筋绑扎接头搭接长度的 0.7 倍。

受拉钢筋绑扎接头搭接长度 **表 6-16**

钢筋	混凝土强度等级		
	C20	C25	>C25
R235	35d	30d	25d
HRB335	45d	40d	35d
HRB400，KL400	—	50d	45d

注：1. 当带肋钢筋直径 d 大于 25mm 时，其受拉钢筋的搭接长度应按表值增加 5d 采用；当带肋钢筋直径小于 25mm 时，搭接长度可按表值减少 5d 采用；
2. 当混凝土在凝固过程中受力钢筋易受扰动时，其搭接长度应增加 5d；
3. 在任何情况下，受拉钢筋的搭接长度不应小于 300mm；受压钢筋的搭接长度不应小于 200mm；
4. 环氧树脂涂层钢筋的绑扎接头搭接长度，受拉钢筋按表值的 1.5 倍采用；
5. 受拉区段内，R235 钢筋绑扎接头的末端应做成弯钩，HRB335、HRB400、KL400 钢筋的末端可不做成弯钩。

⑨ 钢筋机械连接接头适用于 HRB335 和 HRB400 带肋钢筋的连接。机械连接接头应符合《钢筋机械连接通用技术规程》JGJ 107—2010 的有关规定。钢筋机械连接件的最小混凝土保护层厚度，宜符合表 6-14 的规定，但不得小于 20mm。连接件之间或连接件与钢筋之间的横向净距不应小于 25mm。

（2）钢筋混凝土板的构造要求

① 钢筋混凝土板的截面形式与尺寸

钢筋混凝土板一般为矩形截面的实心板或空心板，对现浇板，一般取板宽 1m 为计算单元。钢筋混凝土简支板桥的标准跨径不宜大于 13m；连续板桥的标准跨径不宜大于 16m。预应力混凝土简支板桥的标准跨径不宜大于 25m；连续板桥的标准跨径不宜大于 30m。

空心板桥的顶板和底板厚度，均不应小于 80mm。空心板的孔洞端部应填封。人行道板的厚度，现场浇筑的混凝土板不应小于 80mm；预制混凝土板不应小于 60mm。

② 板中钢筋构造

对于四边支撑的板，当长边长度与短边长度之比等于或大于 3 时，可按短边计算跨径的单板计算；比值小于 2 时，则应按双向板计算；比值介于 2～3 时，宜按双向板计算。

单向板中通常设置主钢筋和分布钢筋：主钢筋是布置在板受拉区的受力钢筋，除构造要求外还应按计算确定；分布筋是垂直于主钢筋方向上布置的构造钢筋，只需满足构造要求即可。

行车道板内主钢筋的直径不应小于 10mm。人行道板内的主钢筋直径不应小于 8mm。在简支板跨中和连续板支点处，板内主钢筋间距不应大于 200mm。行车道板内主钢筋可在沿板高中心纵轴线的 1/4～1/6 计算跨径处按 30°～45°弯起。通过支点的不弯起主钢筋，每米板宽内不应少于三根，并不应少于主钢筋截面面积的 1/4。

分布钢筋的作用是将板面荷载分散到受力钢筋上，固定受力钢筋的位置，防止由于混凝土收缩及温度变化在垂直板跨方向产生拉应力。分布钢筋设在主钢筋的内侧，其直径不应小于 8mm，间距不应大于 200mm，截面面积不应小于板截面面积的 0.1%。在主钢筋的弯折处，应布置分布钢筋。人行道板内分布钢筋直径不应小于 6mm，间距不应大于 200mm。

双向板中应沿两个方向配置受力钢筋，除满足构造要求外应按计算确定，应将短向的钢筋设置在外侧，长向的钢筋设置在内侧。布置四周支承双向板钢筋时，可将板沿纵向及横向各划分为三部分。靠边部分的宽度均为板的短边宽度的 1/4。中间部分的钢筋应按计算数量设置，靠边部分的钢筋按中间部分的半数设置，钢筋间距不应大于 250mm，且不应大于板厚的两倍。

(3) 钢筋混凝土梁的构造要求

① 钢筋混凝土梁的截面形式与尺寸

桥梁（涵）工程中，梁的截面形式主要采用矩形、T 形、工字形和箱形等形式。

钢筋混凝土 T 形、工字形截面简支梁标准跨径不宜大于 16m，钢筋混凝土箱形截面简支梁标准跨径不宜大于 25m，钢筋混凝土箱形截面连续梁标准跨径不宜大于 30m。预应力混凝土 T 形、工字形截面简支梁标准跨径不宜大于 50m。梁的截面高度取其跨径的 1/10～1/15，其截面宽度可取截面高度的 1/4～1/2，且符合施工模数要求。

② 梁中钢筋构造

钢筋混凝土梁中的钢筋主要采用 HRB335、HRB400、KL400 级，按其作用有主钢筋（受力钢筋）、弯起钢筋、箍筋、架立筋及梁侧的腰筋，如图 6-6 所示。

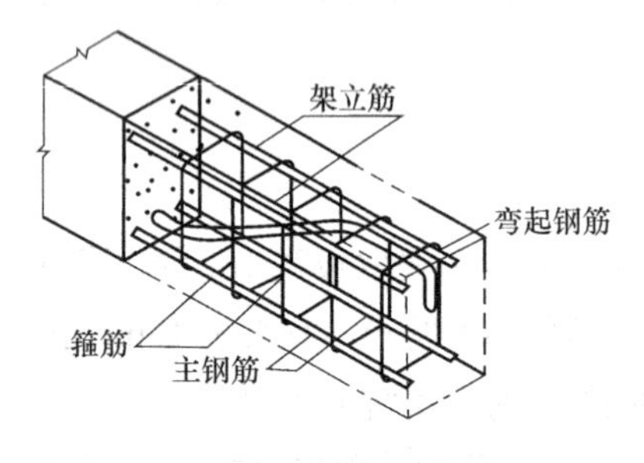

图 6-6 梁内钢筋构造

a) 主钢筋

梁内主钢筋主要承受弯矩 M 产生的拉力和压力，所以主钢筋有受拉和受压两种。若仅在受拉区配置受力钢筋的受弯构件称为单筋截面受弯构件；同时在受拉区和受压区配置受力钢筋的受弯构件称为双筋截面受弯构件。受拉区主筋承受弯矩产生的拉应力，受压区主筋承受弯矩产生的压应力。承受扭矩的纵向钢筋，应沿截面周边均匀对称布置，其间距不应大于 300mm。在矩形截面基本单元的四角应设有纵向钢筋，其末端应满足受拉钢筋最小锚固长度。

主钢筋直径不应小于 14mm，不宜大于 40mm。梁宽度等于或大于 150mm 时，主钢筋不少于 2 根。考虑浇筑混凝土时振捣器可以顺利插入，各主钢筋间横向净距和层与层之间的竖向净距，当钢筋为三层及以下时，不应小于 30mm，并不小于钢筋直径；当钢筋为三层以上时，不应小于 40mm，并不小于钢筋直径的 1.25 倍。对于束筋，此处直径采用等代直径。

b) 弯起钢筋

弯起钢筋由纵向钢筋在支座附近弯起形成。它的作用分三段：跨中水平段承受正弯

矩产生的拉力；斜弯段承受剪力；弯起后的水平段可承受压力，也可承受支座处负弯矩产生的拉力。钢筋混凝土梁当设置弯起钢筋时，其弯起角宜取45°，不得采用浮筋，弯起钢筋的末端应留有锚固长度，受拉区不应小于20倍钢筋直径，受压区不应小于10倍钢筋直径，环氧树脂涂层钢筋增加25%；R235钢筋尚应设置180°弯钩。

钢筋混凝土梁采用多层焊接钢筋时，可用侧面焊缝使之形成骨架（图6-7）。侧面焊缝设在弯起钢筋的弯折点处，并在中间直线部分适当设置短焊缝。焊接钢筋骨架的弯起钢筋，除用纵向钢筋弯起外，也可用专设的弯起钢筋焊接。斜钢筋与纵向钢筋之间的焊接，宜用双面焊缝，其长度应为5倍钢筋直径，纵向钢筋之间的短焊缝应为2.5倍钢筋直径；当必须采用单面焊缝时，其长度应加倍。焊接骨架的钢筋层数不应多于六层，单根钢筋直径不应大于32mm。

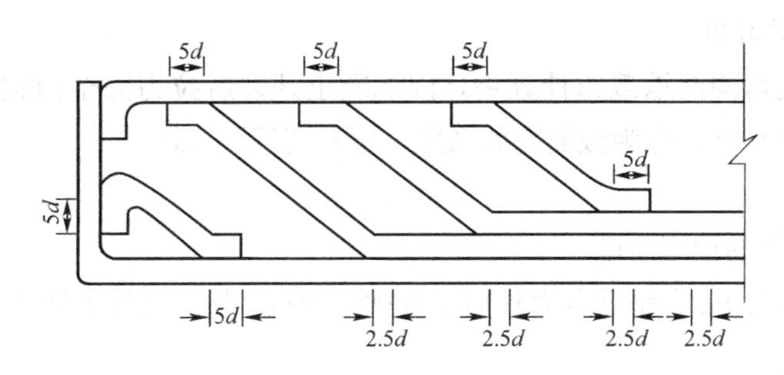

图6-7　焊接钢筋骨架

c）箍筋

箍筋主要用来承担剪力和弯矩产生的受拉应力，在构造上能固定受力钢筋的位置和间距，并与其他钢筋形成钢筋骨架。梁中的箍筋应按计算确定，当计算不需要箍筋时，应按其构造配置箍筋。

箍筋直径不小于8mm且不小于1/4主钢筋直径，其配筋率ρ_{sv}：R235钢筋不应小于0.18%，HRB335钢筋不应小于0.12%。

箍筋间距不应大于梁高的1/2且不大于400mm；当所箍钢筋为按受力需要的纵向受压钢筋时，不应大于所箍钢筋直径的15倍，且不应大于400mm。在钢筋绑扎搭接接头范围内的箍筋间距，当绑扎搭接钢筋受拉时不应大于主钢筋直径的5倍，且不大于100mm；当搭接钢筋受压时不应大于主钢筋直径的10倍，且不大于200mm。在支座中心向跨径方向长度相当于不小于1倍梁高范围内，箍筋间距不宜大于100mm。近梁端第1根箍筋应设置在距端面1个混凝土保护层距离处。梁与梁或梁与柱的交接范围内可不设箍筋；靠近交接面的1根箍筋，其与交接面的距离不宜大于50mm。

当梁中配有按受力计算需要的纵向受压钢筋或在连续梁、悬臂梁近中间支点位于负弯矩区的梁段，应采用闭合式箍筋，同时，同排内任一纵向受压钢筋，离箍筋折角处的纵向钢筋的间距不应大于150mm或15倍箍筋直径两者中较大者，否则，应设复合箍筋，相邻箍筋的弯钩接头，沿纵向其位置应交替布置。

承受弯剪扭的构件的箍筋和纵向钢筋还应符合下列要求：箍筋应采用闭合式，箍筋末端做成135°弯钩；弯钩应箍牢纵向钢筋，相邻箍筋的弯钩接头，其纵向位置应交替布置。

d）架立筋

为了将受力钢筋和箍筋联结成整体骨架，在施工中保持正确的位置，在梁的受压区外缘两侧平行于纵向受力钢筋的方向，一般应设置架立筋，架立筋还可有效地抵抗因温度变化或混凝土收缩产生的应力，防止早期裂缝。架立筋的直径一般为 10～14mm。

e）梁侧的纵向水平钢筋——腰筋

为防止梁侧面中部产生竖向收缩裂缝，应在梁的两个侧面沿高度配置纵向水平钢筋（腰筋），间距 $a \leqslant 200$mm，直径一般采用 12～16mm。截面面积：当采用焊接骨架时取梁截面面积的 0.0015～0.002，当整体现浇时取梁截面面积的 0.0005～0.001，并用拉筋联系固定。拉筋直径与箍筋相同，拉筋间距可取箍筋间距的 2～3 倍。

③ 混凝土有效高度

在梁、板等受弯构件承载力计算中，因混凝土开裂后拉力完全由钢筋承担，这时梁能发挥作用的截面高度，称为截面有效高度，用 h_0 表示。即：

$$h_0 = h - a \tag{6-10}$$

式中 h——梁、板的截面高度；

a——梁、板的受力钢筋合力作用点到截面受拉（压）边缘的距离（mm）。

【任务布置】

1. 什么是混凝土立方体抗压强度？其强度等级如何划分？分为几级？
2. 什么是混凝土的徐变和收缩？
3. 什么是混凝土的耐久性？
4. 钢筋是如何分类的？其分为几类？
5. 钢筋与混凝土共同工作的原因是什么？
6. 对于四边支撑的钢筋混凝土板，如何区分单向板和双向板？
7. 钢筋混凝土梁中有什么钢筋？

任务 6.4 认识钢筋混凝土受弯构件的截面破坏形态

【任务描述】

一般而言，钢筋混凝土受弯构件在荷载作用下不仅会产生弯矩 M，同时还产生剪力 V。试验研究和工程实践表明，在钢筋混凝土梁弯矩占主导区段产生垂直裂缝进而发生正截面破坏，而在弯剪区段常常产生斜裂缝，并可能沿斜截面发生破坏。

通过本任务，认识钢筋混凝土受弯构件的截面破坏形态及特征。

【任务实施】

1. 正截面破坏形态及特征

根据工程试验，钢筋混凝土梁的正截面破坏形态主要与受拉钢筋的配筋多少（配筋率）有关。配筋率的不同，梁的正截面破坏特征将发生本质的变化。配筋率是指受拉钢筋的截面面积 A_s 与构件截面的有效面积 bh_0 的比值，用 $\rho=A_s/bh_0$ 表示。根据纵向受力钢筋的配筋率将梁分为超筋梁、适筋梁和少筋梁。

（1）适筋梁

适筋梁的破坏特征是：破坏开始时，受拉区的钢筋应力先达到屈服强度，之后钢筋应力进入屈服台阶，梁的挠度、裂缝随之增大，最终因受压区的混凝土达到其极限压应变被压碎而破坏。在这一阶段，梁的承载力基本保持不变而变形可以很大，在完全破坏以前具有很好的变形能力，破坏预兆明显，这种破坏称为“延性破坏”，如图6-8所示。

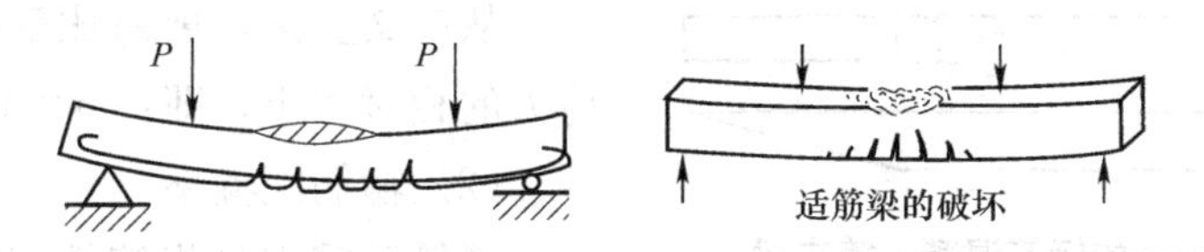

图6-8　钢筋混凝土适筋梁的破坏形态

延性破坏是设计钢筋混凝土构件的一个基本原则。受弯构件的正截面承载力计算的基本公式就是根据适筋梁破坏时的平衡条件建立的。

（2）超筋梁

受拉钢筋的配筋率过大的梁称为超筋梁（图6-9）。由于其纵向受力钢筋过多，在钢筋没有达到屈服前，压区混凝土就被压坏，表现为裂缝开展不宽，延伸不高，没有明显预兆的混凝土受压脆性破坏的特征。

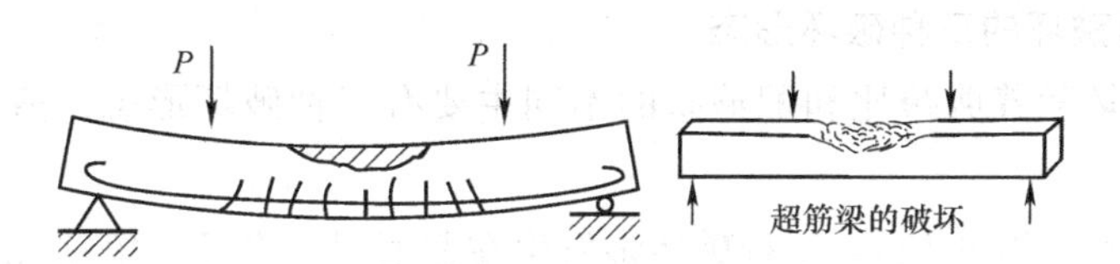

图6-9　钢筋混凝土超筋梁的破坏形态

超筋梁虽配置过多的受拉钢筋，但其破坏取决于混凝土的压碎，极限受弯承载力与钢筋强度无关，且钢筋受拉强度未得到充分发挥，破坏又没有明显的预兆，因此，在工程中应避免采用。

（3）少筋梁

受拉钢筋的配筋率很小的梁称为少筋梁（图6-10）。当梁配筋较少时，受拉纵筋有可能在受压区混凝土开裂的瞬间就进入强化阶段甚至被拉断，其破坏与素混凝土梁类似，属于脆性破坏。少筋梁的这种受拉脆性破坏比超筋梁受压脆性破坏更为突然，不安全，而且也不经济，因此在建筑结构设计中不容许采用。

图6-10　钢筋混凝土少筋梁的破坏形态

2. 斜截面破坏形态及特征

影响梁的斜截面破坏形态有很多因素，其中最主要的因素是剪跨比的大小和配置箍筋的多少。

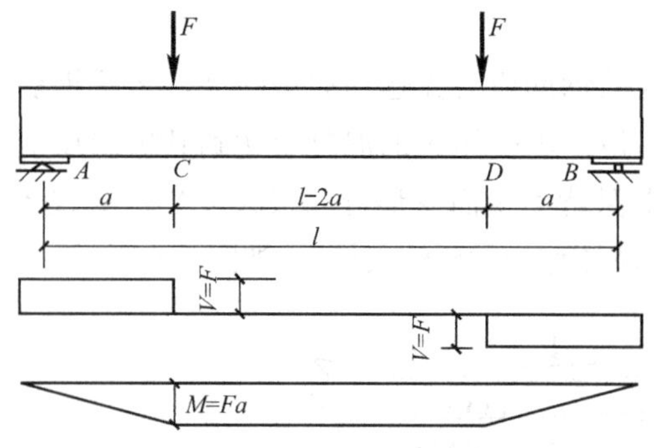

图 6-11 集中加载的钢筋混凝土简支梁

（1）剪跨比的定义

对于承受集中荷载的梁：第一个集中荷载作用点到支座边缘的距离 a（剪跨跨长）与截面的有效高度 h_0 之比称为剪跨比 m，如图 6-11 所示。

从广义上讲，剪跨比反映了截面弯矩与剪力的相对大小，即：$m=M/(V \cdot h_0)$。

（2）箍筋配箍率

箍筋配箍率是指箍筋截面面积与截面宽度和箍筋间距乘积的比值，计算公式为：

$$\rho_{sv} = A_{sv}/(b \cdot s_v) \tag{6-11}$$

式中 A_{sv}——配置在同一截面内箍筋各肢的全部截面面积（mm^2），$A_{sv}=nA_{sv1}$；

n——同一截面内箍筋肢数；

A_{sv1}——单肢箍筋的截面面积（mm^2）；

b——矩形截面的宽度，T 形、工字形截面的腹板宽度（mm）；

s_v——箍筋间距（mm）。

3. 梁斜截面破坏的三种破坏形态

梁斜截面破坏随着剪跨比和配箍率的不同主要有三种破坏形态：剪压破坏、斜压破坏和斜拉破坏。

（1）剪压破坏（图 6-12）：这种破坏多发生在截面尺寸合适、箍筋配置适当且中等剪跨比（$1 \leqslant m \leqslant 3$）时。

剪压破坏的破坏过程：随着荷载的增加，截面出现多条斜裂缝，其中一条延伸长度较大，开展宽度较宽的斜裂缝，称为“临界斜裂缝”，破坏时，与临界斜裂缝相交的箍筋首先达到屈服强度。最后，斜裂缝顶端剪压区的混凝土在压应力、剪应力共同作用下达到剪压复合受力时的极限强度而破坏。

为防止梁发生剪压破坏，需在梁中配置与梁轴线垂直的箍筋以承受梁内剪力的作用。梁的斜截面承载力计算公式是在剪压破坏的基础上建立的。

（2）斜压破坏（图 6-13）：这种破坏多发生在剪力大而弯矩小的区段，即剪跨比较小（$m<1$）时，或剪跨比适中但箍筋配置过多（配箍率 ρ_{sv} 较大）时，以及腹板宽度较窄的 T 形或工字形截面。

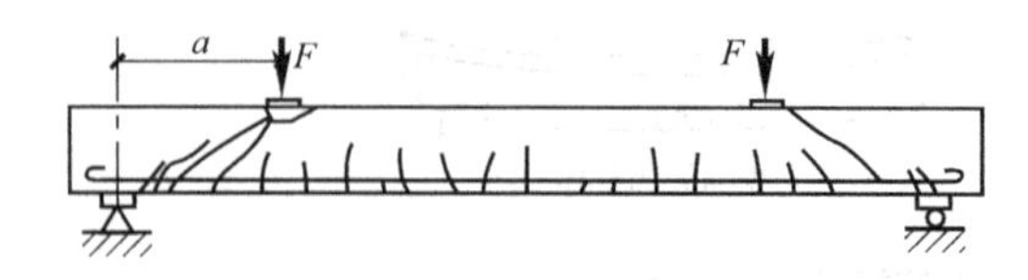

图 6-12 梁的剪压破坏

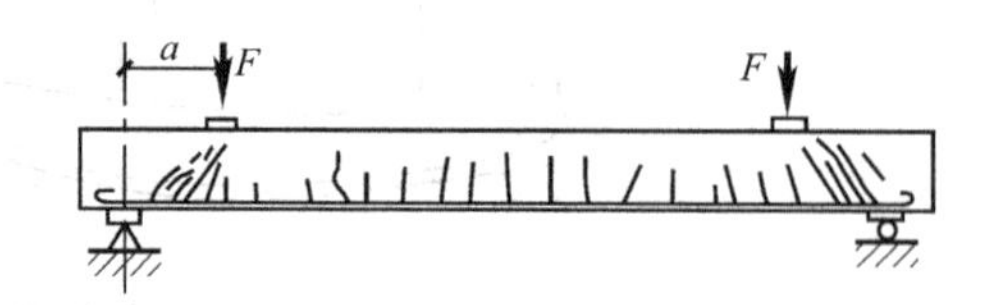

图 6-13 梁的斜压破坏

斜压破坏的破坏过程：首先在梁腹部出现若干条平行的斜裂缝，随着荷载的增加，梁腹部被这些斜裂缝分割成若干个斜向短柱，最后这些斜向短柱由于混凝土达到其抗压强度而破坏。

这种破坏的承载力主要取决于混凝土强度及截面尺寸，而破坏时箍筋的应力往往达不到屈服强度，钢筋的强度不能充分发挥，且破坏属于脆性破坏，故在设计中应避免，因此需通过验算梁的最小截面尺寸来防止斜压破坏。

(3) 斜拉破坏（图6-14）：这种破坏多发生在剪跨比较大（$m>3$）时，或箍筋配置过少（配箍率ρ_{sv}较小）时。

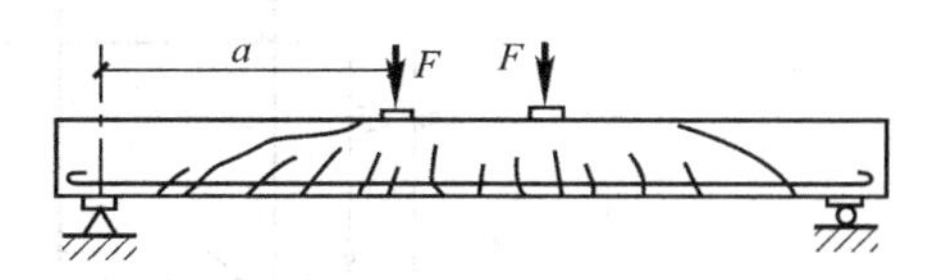

图6-14 梁的斜拉破坏

斜拉破坏的破坏过程：一旦梁腹部出现斜裂缝，很快就形成临界斜裂缝，与其相交的梁腹筋随即屈服，箍筋对斜裂缝开展的限制已不起作用，导致斜裂缝迅速向梁上方受压区延伸，梁将沿斜裂缝裂成两部分而破坏。

因为斜拉破坏的承载力很低，并且一裂即坏，故属于脆性破坏。为了防止发生剪跨比较大时的斜拉破坏，箍筋的配置应不小于最小配箍率。

【任务布置】

1. 什么是少筋梁、适筋梁及超筋梁？
2. 梁斜截面破坏的三种破坏形态是什么？

任务6.5 计算单筋矩形截面受弯构件的正截面承载力

【任务描述】

单筋矩形截面受弯构件指的是仅在受拉区配置受力钢筋的矩形受弯构件。单筋截面的梁、板在弯矩M作用下，截面分为受拉区和受压区，受拉区拉力由受拉纵筋承担，受压区压力由混凝土承担。

通过学习本任务，学会进行单筋矩形截面受弯构件的正截面承载力的计算。

【任务实施】

1. 正截面承载力计算的基本假设、公式及适用条件

(1) 基本假设

根据对适筋梁破坏过程的分析，其正截面受弯承载力以受压区混凝土边缘达到极限压应变为计算依据，为建立计算公式，做如下假设：

① 构件弯曲后，其截面仍保持为平面；

② 截面受压区混凝土的应力图形简化为矩形，其压力强度取混凝土的轴心抗压强度设计值；截面受拉区混凝土的抗拉强度不予考虑；

③ 受拉钢筋的应力取其抗拉强度设计值；

④ 受拉钢筋的极限应变取0.01。钢筋应力等于钢筋应变与其弹性模量的乘积，不大于其强度设计值。

(2) 计算公式

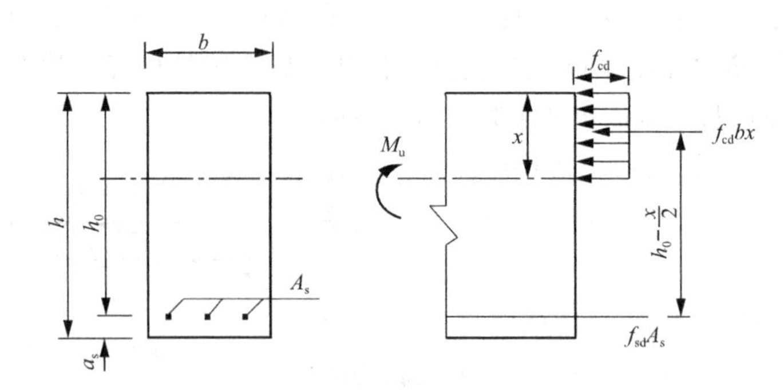

图 6-15 单筋矩形截面适筋梁计算简图

根据上述基本假定，单筋矩形截面正截面承载力计算简图如图6-15所示，由平衡条件可得：

$$f_{cd}bx = f_{sd}A_s \tag{6-12}$$

$$M_u = f_{cd}bx(h_0 - x/2) \tag{6-13}$$

$$M_u = f_{sd}A_s(h_0 - x/2) \tag{6-14}$$

式中 M_u——弯矩组合设计值；

f_{cd}——混凝土轴心抗压设计强度设计值，按表6-4采用；

f_{sd}——纵向普通钢筋的抗拉强度设计值，按表6-7采用；

A_s——纵向受拉钢筋截面面积；

b——矩形截面宽度，混凝土板取1m；

h_0——截面有效高度；

x——截面受压区高度；也可以用相对混凝土受压区高度表示，即$\xi=\dfrac{x}{h_0}$。

(3) 适用条件

① 为了防止出现超筋梁情况，要求相对受压区高度ξ小于等于其界限值，即：

$$\xi = \frac{x}{h_0} \leqslant \xi_b \tag{6-15a}$$

式中 ξ_b——适筋梁与超筋梁的界限所对应的相对受压区高度，按表6-17取用。

将式(6-15a)两边同乘以h_0，即：

$$x \leqslant x_b = \xi_b h_0 \tag{6-15b}$$

又$\xi=\dfrac{x}{h_0}=\dfrac{f_{sd}A_s}{f_{cd}bh_0}=\dfrac{f_{sd}}{f_{cd}}\cdot\rho\leqslant\xi_b$，所以式(6-15$a$)变换为：

$$\rho \leqslant \xi_b \frac{f_{cd}}{f_{sd}} \tag{6-15c}$$

式(6-15c)中，$\xi_b\dfrac{f_{cd}}{f_{sd}}$为配筋率的最大值，即$\rho_{max}$，最大配筋率是适筋梁和超筋梁的

界限配筋率。

界限相对受压区高度 ξ_b　　表 6-17

钢筋种类＼混凝土强度等级	C50 及以下	C55、C60	C54、C70	C75、C80
R235	0.62	0.60	0.58	—
HRB335	0.56	0.54	0.52	—
HRB400、KL400	0.53	0.51	0.49	—
钢绞线、钢丝	0.40	0.38	0.36	0.35
精轧螺纹钢筋	0.40	0.38	0.36	—

注：1. 截面受拉区内配置不同种类钢筋的受弯构件，其 ξ_b 值应选用相应于各种钢筋的较小者；
2. $\xi_b=x_b/h_0$，x_b 为纵向受拉钢筋和受压区混凝土同时达到其强度设计值时的受压区高度。

② 为了防止出现少筋梁情况，要求受拉主筋的配筋率应符合最小配筋率要求，即：

$$\rho\geqslant\rho_{min} \tag{6-16}$$

《公路钢筋混凝土及预应力混凝土桥涵设计规范》规定，受弯构件一侧受拉钢筋的配筋百分率（配筋率）不应小于 $45f_{td}/f_{sd}$，同时不应小于 0.20。受弯构件的一侧受拉钢筋的配筋百分率为 $100A_s/bh_0$。

2. 正截面承载力计算示例

(1) 正截面承载力计算步骤

① 截面设计——配置受拉主筋

单筋矩形截面受弯构件截面设计是已知其截面弯矩设计值 M_d、截面尺寸 $b\times h$、混凝土和钢筋的强度 f_{td}、f_{sd} 等，计算确定受拉主筋的截面面积 A_s。其计算步骤如下：

计算截面有效高度：$h_0=h-a$

计算混凝土受压区高度：$x=h_0-\sqrt{h_0^2-\dfrac{2\gamma_0M_d}{f_{cd}b}}$

判断是否超筋：$x\leqslant x_b=\xi_bh_0$，不超筋；$x>x_b$，超筋，说明截面尺寸过小或材料强度太低，应重新设计。

计算受力钢筋面积：$A_s=\dfrac{f_{cd}bx}{f_{sd}}$，查表 6-18 确定钢筋直径和根数

验算最小配筋率：若 $\rho\geqslant\rho_{min}$，满足要求；若 $\rho<\rho_{min}$，按最小配筋率配筋。

② 承载力校核

单筋矩形截面受弯构件截面承载力校核：已知其环境类别、截面弯矩设计值 M_d、截面尺寸 $b\times h$、混凝土和钢筋的强度 f_{td}、f_{sd} 及截面配筋 A_s，进行承载力校核，并判断是否安全。其计算步骤如下：

计算截面有效高度：$h_0=h-a$

计算混凝土受压区高度：$x=\dfrac{A_sf_{sd}}{f_{cd}b}$

判断是否超筋：$x\leqslant x_b=\xi_bh_0$，不超筋；$x>x_b$，超筋破坏；验算最小配筋率：若 $\rho\geqslant\rho_{min}$，满足要求；若 $\rho<\rho_{min}$，少筋破坏。

为适筋梁时：$M_u=A_sf_{sd}(h_0-x/2)=f_{cd}bx(h_0-x/2)$

判断截面承载力：$\gamma_0 M_d \leqslant M_u$，截面承载力满足要求，否则将会破坏。

（2）计算示例

【例 6-1】 某整体式钢筋混凝土简支板重要小桥（处于Ⅰ类环境），计算跨径 7.69m，标准跨径 8.0m，板厚 360mm，跨中弯矩组合设计值为 231kN·m。材料选择 C25 混凝土，HRB335 钢筋。试确定跨中截面的纵向受拉钢筋。

【解】

① 确定计算参数

C25 级混凝土：查表 6-4 得 $f_{cd}=11.5\text{N/mm}^2$，$f_{td}=1.23\text{N/mm}^2$

HRB335 级钢筋：查表 6-7 得 $f_{sd}=280\text{N/mm}^2$

查表得 $\gamma_0=1.0$；查表 6-17 得 $\xi_b=0.56$

② 计算截面有效高度：$h_0=h-a=360-40=320\text{mm}$（假设 $a=40\text{mm}$）

③ 计算混凝土受压区高度：$x=h_0-\sqrt{h_0^2-\dfrac{2\gamma_0 M_d}{f_{cd}b}}=360-\sqrt{320^2-\dfrac{2\times1.0\times231\times10^6}{11.5\times1000}}$

$=70.5\text{mm}$

④ 判断是否超筋：$x=70.5\text{mm}\leqslant x_b=\xi_b h_0=0.56\times320=179\text{mm}$，不超筋

⑤ 计算受力钢筋面积：$A_s=\dfrac{f_{cd}bx}{f_{sd}}=\dfrac{11.5\times1000\times70.5}{280}=2896\text{mm}^2$，查表 6-18 确定直径为 20mm，间距 100mm，$A_{s实}=3142\text{mm}^2$

各种钢筋按一定间距排列时每米板宽内的钢筋截面面积表　　表 6-18

钢筋间距（mm）	当钢筋直径（mm）为下列数值时的钢筋截面面积（mm²）										
	5	6	8	10	12	14	16	18	20	22	25
70	281	404	719	1121	1616	2199	2872	3635	4488	5430	7012
75	262	377	671	1047	1508	2053	2681	3393	4189	5068	6545
80	245	354	629	981	1414	1924	2513	3181	3927	4752	6136
90	218	314	559	872	1257	1710	2234	2827	3491	4224	5454
100	196	283	503	785	1131	1539	2011	2545	3142	3801	4909
110	178	257	457	714	1028	1399	1828	2313	2856	3456	4462
120	163	236	419	654	942	1283	1676	2121	2618	3168	4091
125	157	226	402	628	905	1232	1608	2036	2513	3041	3927
130	151	218	387	604	870	1184	1547	1957	2417	2924	3776
140	140	202	359	561	808	1100	1436	1818	2244	2715	3506
150	131	189	335	523	754	1026	1340	1696	2094	2534	3272
160	123	177	314	491	707	962	1257	1590	1963	2376	3068
170	115	166	296	462	665	906	1183	1497	1848	2236	2887
180	109	157	279	436	628	855	1117	1414	1745	2112	2727
190	103	149	265	413	595	810	1058	1339	1653	2001	2584
200	98.2	141	251	393	565	770	1005	1272	1571	1901	2454
250	79	113	201	314	452	616	804	1018	1257	1521	1963
300	65	94	168	262	377	513	670	848	1047	1267	1636

⑥ 验算最小配筋率

$\rho=\dfrac{A_s}{bh_0}=\dfrac{3142}{1000\times320}=0.98\%\geqslant\rho_{min}=0.45\dfrac{f_{td}}{f_{sd}}=0.45\times\dfrac{1.23}{280}=0.2\%$，满足要求。

【任务布置】

1. 如何防止钢筋混凝土受弯构件的超筋破坏和少筋破坏?

2. 什么是相对界限受压区高度?它与最大配筋率有何关系?

项目小结

本项目介绍了钢筋混凝土受弯构件的荷载、结构设计原则、构造规定、截面破坏形态及承载力计算。

1. 公路桥涵结构设计，按作用的时间和性质，作用可分为三类：永久作用、可变作用和偶然作用。

2. 作用代表值是指结构或结构构件设计时，针对不同设计目的所采用的各种作用规定值，它包括作用标准值、准永久值和频遇值等。

3.《公路工程结构可靠度设计统一标准》GB/T 50283 对极限状态给出了定义，即整体结构或结构的一部分超过某一特定状态就不能满足设计规定的某一功能要求时，此特定状态为该功能的极限状态。根据公路桥涵结构的功能要求不同，极限状态共分两类：承载能力极限状态和正常使用极限状态。

4. 公路桥涵应根据不同种类的作用（或荷载）及其对桥涵的影响、桥涵所处的环境条件，考虑以下三种设计状况，并对其进行相应的极限状态设计。按持久状况承载能力极限状态设计时，公路桥涵结构的设计安全等级，应根据结构破坏可能产生的后果的严重程度划分为一级、二级、三级。

5.《公路钢筋混凝土及预应力混凝土桥涵设计规范》JTG D62—2004 规定，混凝土的强度等级分为 14 级：C15、C20、C25、C30、C35、C40、C45、C50、C55、C60、C65、C70、C75 和 C80。

6. 以边长为 150mm 的立方体试件在 20±3℃的温度和相对湿度在 90%以上的潮湿空气中养护 28d 或设计规定龄期，依照标准试验方法测得的具有 95%保证率的混凝土抗压强度值，称为混凝土立方体抗压强度标准值，用 $f_{cu,k}$表示。

7. 混凝土承受持续荷载时，随时间的延长而增加的变形，称为徐变。混凝土在空气中硬化体积缩小的现象称为混凝土的收缩。

8. 混凝土的耐久性是指在外部和内部不利因素的长期作用下，必须保持适合使用，而不需要进行维修加固，即保持其原有设计性能和使用功能的性质。

9. 公路桥涵结构用钢筋主要推荐热轧钢筋、热处理钢筋、冷轧带肋钢筋、消除应力钢丝、钢绞线和精轧螺纹钢筋。

10. 钢筋和混凝土之所以能有效的结合在一起共同工作，主要原因是混凝土硬化后与钢筋之间产生了良好的粘结力；其次，钢筋和混凝土的温度线膨胀系数几乎相同，在温度变化时，两者的变形基本相等，不致破坏钢筋混凝土结构的整体性；第三，钢筋被混凝土包裹着，从而使钢筋不会因大气的侵蚀而生锈变质，提高耐久性。

11. 对于四边支撑的板，当长边长度与短边长度之比等于或大于 2 时，可按短边计算跨径的单板计算；若该比值小于 2 时，则应按双向板计算。

12. 钢筋混凝土梁中的钢筋主要采用 HRB335、HRB400、KL400 级，按其作用有主钢筋（受力钢筋）、弯起钢筋、箍筋、架立筋及梁侧的腰筋。

13. 适筋梁的破坏特征是：破坏开始时，受拉区的钢筋应力先达到屈服强度，之后钢筋应力进入屈服台阶，梁的挠度、裂缝随之增大，最终因受压区的混凝土达到其极限压应变被压碎而破坏；适筋梁的破坏属于延性破坏。

14. 超筋梁的破坏特征是：由于其纵向受力钢筋过多，在钢筋没有达到屈服前，压区混凝土就被压坏，表现为裂缝开展不宽，延伸不高，没有明显预兆的混凝土受压脆性破坏的特征。

15. 少筋梁的破坏特征是：受拉纵筋有可能在受压区混凝土开裂的瞬间就进入强化阶段甚至被拉断，其破坏与素混凝土梁类似，属于脆性破坏。

16. 梁斜截面破坏的三种破坏形态，即剪压破坏、斜压破坏和斜拉破坏。

17. 为了防止出现超筋梁情况，要求相对受压区高度小于等于其界限值，为了防止出现少筋梁情况，要求受拉主筋的配筋率应符合最小配筋率要求。

18. 钢筋混凝土单筋矩形截面梁正截面承载力计算（配置纵筋）步骤：

① 确定计算参数；

② 计算截面有效高度；

③ 计算相对混凝土受压区高度；

④ 判断是否超筋；

⑤ 计算受力钢筋面积；

⑥ 验算最小配筋率。

项目练习题

一、名词解释

永久作用　作用标准值　极限状态　承载能力极限状态　正常使用极限状态

混凝土的收缩　混凝土的徐变　混凝土的耐久性　相对混凝土受压区高度

配筋率

二、简答题

1. 如何确定公路桥涵结构的设计安全等级？
2. 混凝土的徐变和收缩对工程结构分别有何危害？
3. 钢筋与混凝土共同工作的原因是什么？
4. 简述单向板中钢筋构造。
5. 简述梁中钢筋构造，各有什么作用？
6. 简述少筋梁、适筋梁及超筋梁的破坏特征及破坏性质。
7. 简述梁斜截面破坏的三种破坏形态。

三、计算题

某整体式钢筋混凝土简支板重要小桥（处于Ⅰ类环境），板厚 400mm，在荷载作用下的弯矩组合设计值 $M_d=280\text{kN}\cdot\text{m}$，安全等级为二级，混凝土强度等级为 C30，受力钢筋采用 HRB400 级钢筋，试计算并配量纵向受力钢筋。

项目7
计算钢筋混凝土受压构件承载力

【项目概述】

桥梁工程中桁架的受压腹杆、弦杆和桥梁中的桥墩等都属于受压构件，工程技术人员要分析和解决工程中的力学问题，首先必须熟悉受压构件的基本构造要求，并熟练掌握钢筋混凝土轴心受压柱承载力设计和校核的基本方法。

【项目目标】

通过学习，你将：

✓ 理解并掌握受压构件的构造要求；

✓ 会对钢筋混凝土轴心受压柱进行承载力设计、校核；

✓ 了解偏心受压柱的基本概念。

任务7.1 掌握受压构件一般构造要求

【任务描述】

当构件上作用有以纵向压力为主的外力时，称为受压构件。按照纵向力在截面上作用位置的不同，受压构件分为轴心受压构件和偏心受压构件。纵向力作用线与构件轴线重合的构件称为轴心受压构件，否则为偏心受压构件。偏心受压构件又可分为单向偏心受压构件和双向偏心受压构件，如图7-1所示。市政工程中，柱是最常见的受压构件之一。本任务是认识受压构件，掌握受压构件的构造要求。

【提醒】

(1) 在市政工程中除柱外，桁架中的受压腹杆、弦杆和桥梁中的桥墩也属于受压构件，如图7-2所示。

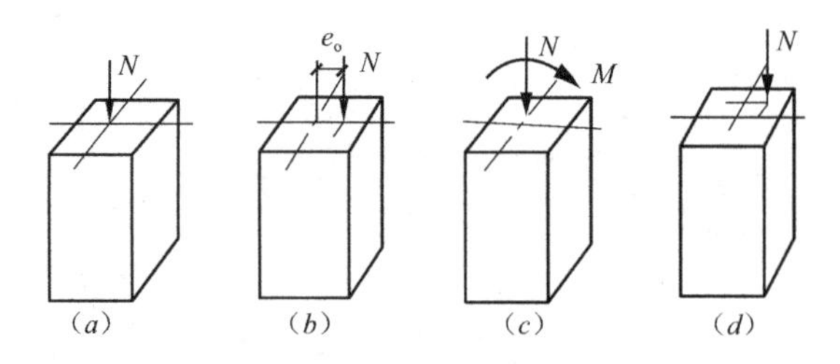

图 7-1　轴心受压和偏心受压

(a) 轴心受压；(b) 单向偏心受压；(c) 单向偏心受压；(d) 双向偏心受压

(2) 在实际结构中，理想的轴心受压构件几乎是不存在的。通常由于施工的误差、荷载作用位置的不确定性、混凝土质量的不均匀性等原因，往往存在一定的初始偏心距。但有些构件，如以恒载为主的等跨多层房屋的内柱、桁架中的受压腹杆等，主要承受轴向压力，可近似按轴心受压构件计算。

图 7-2　桥梁的桥墩

【任务实施】

1. 材料

轴心受压构件的正截面承载力主要由混凝土来提供，一般多采用 C25～C40 强度等级混凝土，必要时可以采用 C50 以上的高强度等级混凝土。钢筋一般采用 HRB335、HRB400 或 KL400 级，不宜选用高强度钢筋。

2. 截面形式及尺寸要求

钢筋混凝土受压构件通常采用方形或矩形截面，以便制作模板。一般轴心受压柱以方形为主，偏心受压柱以矩形截面为主。当有特殊要求时，也可采用其他形式的截面，如轴心受压柱可采用圆形、多边形等，偏心受压柱还可采用工字形、T 形等。

矩形柱截面尺寸不宜小于 300mm×300mm，圆柱的截面直径不宜小于 350mm。柱截面尺寸宜取整数，800mm 以下时以 50mm 为模数，在 800mm 以上以 100mm 为模数。

3. 纵向受力钢筋

(1) 纵向受力钢筋宜采用直径较大的钢筋，以增大钢筋骨架的刚度，减少施工时可能产生的纵向弯曲和受压时的局部屈曲。

(2) 纵向受力钢筋的直径不宜小于 12mm，通常在 16～32mm 范围内选用，方形和矩形截面柱中纵向受力钢筋不少于 4 根（且在截面每一角处必须布置一根），圆柱中不宜少于 8 根且不应少于 6 根。

(3) 纵向受力钢筋的净距不应小于 50mm，也不应大于 350mm；对水平浇筑混凝土预制构件，其纵向钢筋的最小净距采用受弯构件的规定。

(4) 当偏心受压柱的截面高度 $h \geqslant 600$mm 时，在柱的侧面上应设置直径为 10～16mm 的纵向构造钢筋，并相应设置复合箍筋或拉筋。

(5) 受压构件纵向钢筋的配筋率 $\rho=\frac{A_s'}{b\times h}>\rho_{min}$。

《公路钢筋混凝土及预应力混凝土桥涵设计规范》JTG D62—2004 规定，轴心受压构件纵向钢筋的最小配筋百分率为 0.5%，当混凝土强度等级为 C50 及以上时，属高强度混凝土，提高至 0.6%。

(6) 柱纵向钢筋的接头可采用绑扎搭接、机械连接或焊接连接等方式，宜优先采用焊接或机械连接。柱相邻纵筋连接接头应相互错开，在同一截面内的钢筋接头面积百分率不宜大于 50%。轴心受拉及小偏心受拉柱内的纵向钢筋不得采用绑扎搭接接头。

【提醒】

(1) 轴心受压柱的纵向受力钢筋应沿截面四周均匀对称布置，偏心受压柱的纵向受力钢筋布置在弯矩作用方向的两对边，圆柱中纵向受力钢筋宜沿周边均匀布置。

(2) 受压构件全部纵向钢筋的配筋率不宜大于 5%，从经济和施工方便（不使钢筋太密集）角度考虑，受压钢筋的配筋率一般不超过 3%，通常在 1%～2%之间。

4. 箍筋

(1) 箍筋直径不应小于 $d/4$，且不应小于 8mm（d 为纵向钢筋的最大直径）。

(2) 箍筋间距不应大于 400mm 及构件截面的短边尺寸（圆形截面采用 0.8 倍直径），且不应大于 $15d$(d 为纵向钢筋的最小直径)。

(3) 当柱中全部纵向受力钢筋的配筋率超过 3%时，箍筋直径不应小于 8mm，间距不应大于 $10d$，且不应大于 200mm；箍筋末端应做成 135°弯钩且弯钩末端平直段长度不应小于 $10d$（d 纵向受力钢筋的最大直径）。

(4) 在纵向钢筋搭接范围内，箍筋的间距应不大于纵向钢筋直径的 10 倍且不大于 200mm。

(5)《公路钢筋混凝土及预应力混凝土桥涵设计规范》JTG D62—2004 将位于箍筋折角处的纵向钢筋定义为角筋。沿箍筋设置的纵向钢筋离角筋间距 S 不大于 150mm 或 15 倍箍筋直径（取较大者）。若超过此范围设置纵向受力钢筋，应设置复合箍筋（图 7-3）。

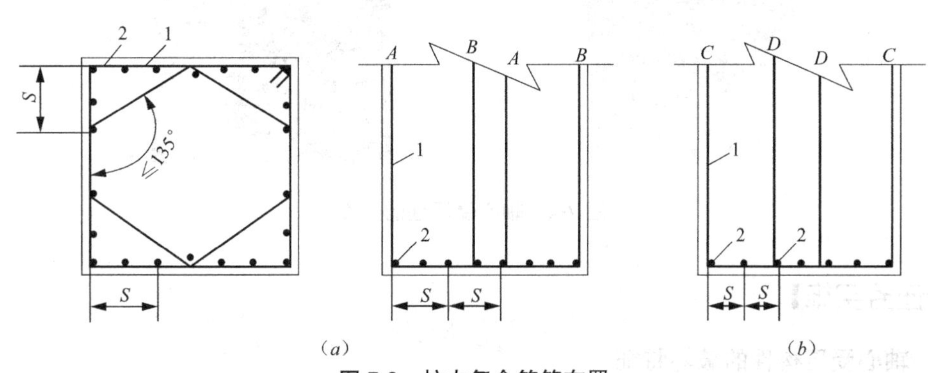

图 7-3　柱内复合箍筋布置

(a) S 内设三根纵向受力钢筋；(b) S 内设两根纵向受力钢筋

1—箍筋；2—角筋；A、B、C、D—箍筋编号

注：图中内，箍筋 A、B 与 C、D 的设置方式，可按工程实际情况选用。

【任务布置】

1. 柱中纵向受力钢筋和箍筋的作用分别是什么？
2. 轴心受压柱和偏心受压柱的区别是什么？请举例说明。

任务 7.2　轴心受压构件正截面受压承载力计算

【任务描述】

轴心受压构件的承载力主要由混凝土提供，设置纵向钢筋的目的是：①协助混凝土承受压力，减小构件截面尺寸；②承受可能存在的不大的弯矩；③防止构件的突然脆性破坏。

根据箍筋形式的不同，钢筋混凝土轴心受压柱可分为普通箍筋柱和螺旋箍筋柱，如图 7-4 所示。普通箍筋的作用是防止纵向钢筋局部压屈，并与纵向钢筋形成钢筋骨架，便于施工。螺旋箍筋的作用是使截面中间部分（核心）混凝土成为约束混凝土，从而提高构件的承载力和延性。本任务是学会对钢筋混凝土轴心受压柱进行设计、校核。

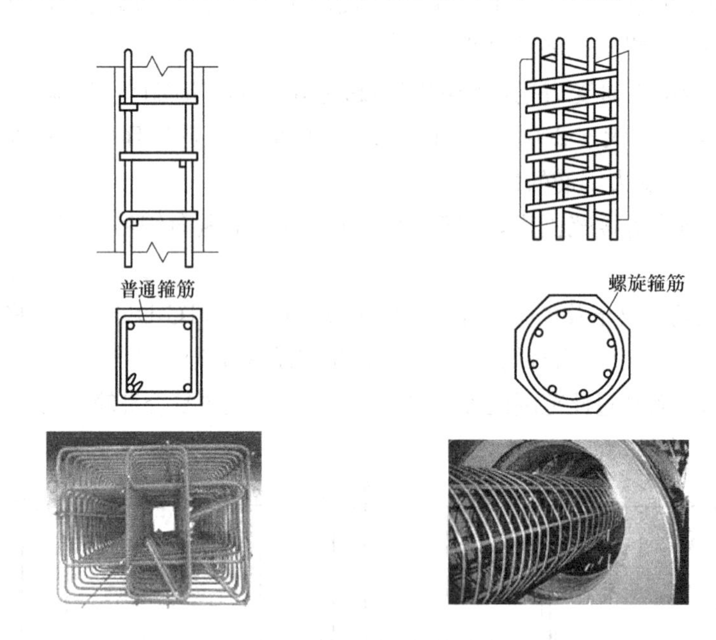

图 7-4　轴心受压柱的分类

【任务实施】

1. 轴心受压构件的破坏特征

按照长细比 l_0/b 的大小，轴心受压柱可分为短柱和长柱两类。对方形和矩形柱，当 $l_0/b \leqslant 8$ 时属于短柱，否则为长柱（其中 l_0 为柱的计算长度，b 为矩形截面的短边尺寸）。

配有普通箍筋的矩形截面短柱，在轴向压力 N 作用下整个截面的应变基本上是均匀分布的。N 较小时，构件的压缩变形主要为弹性变形。随着荷载的增大，构件变形迅速

增大。与此同时，混凝土塑性变形增加，弹性模量降低，应力增长逐渐变慢，而钢筋应力的增加越来越快。对配置 HPB300、HRB335、HRB400、HRBF400、RRB400 级钢筋的构件，钢筋将先达到屈服强度，此后增加的荷载全部由混凝土来承受。在临近破坏时，柱子表面出现纵向裂缝，混凝土保护层开始剥落。最后，箍筋之间的纵向钢筋压屈而向外凸出，混凝土被压碎崩裂而破坏（图 7-5*a*）。破坏时混凝土的应力达到棱柱体抗压强度 f_c。因此，受压钢筋不宜采用高强钢筋。

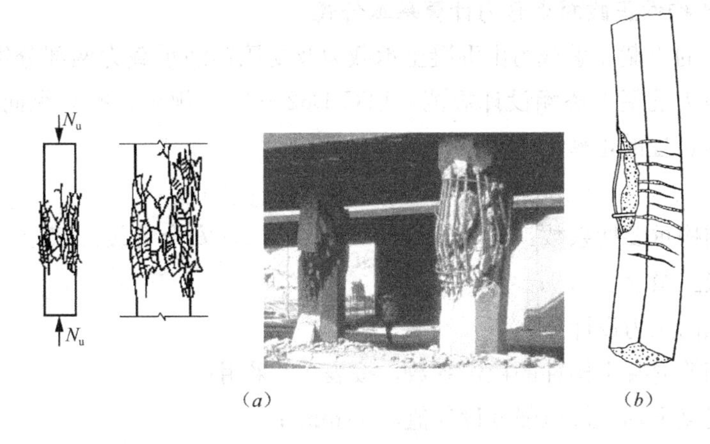

图 7-5　轴心受压柱的破坏形态

（*a*）轴心受压短柱的破坏形态；（*b*）轴心受压长柱的破坏形态

对于长细比较大的长柱，由于各种偶然因素造成的初始偏心距的影响，在轴向力作用下，易发生纵向弯曲，破坏时在构件的一侧产生竖向裂缝，混凝土被压碎，在另一侧产生水平裂缝（图 7-5*b*）。对于长细比很大的长柱，还有可能发生“失稳破坏”。试验表明，在同等条件下，即截面相同，配筋相同，材料相同的条件下，长柱承载力低于短柱承载力。

在确定轴心受压构件承载力计算公式时，采用构件的稳定系数 φ 来表示长柱承载力降低的程度。试验结果表明，稳定系数主要和构件的长细比 l_0/b 有关，长细比 l_0/b 越大，φ 值越小（表 7-1）。构件的计算长度 l_0 与构件两端支承情况有关，在实际桥梁设计中应根据具体构造选择构件端部约束条件，进而获得符合实际的计算长度 l_0（表 7-2）。

钢筋混凝土轴心受压构件的稳定系数 φ　　　　**表 7-1**

l_0/b	≤8	10	12	14	16	18	20	22	24	26	28
l_0/d	≤7	8.5	10.5	12	14	15.5	17	19	21	22.5	24
l_0/i	≤28	35	42	48	55	62	69	76	83	90	97
φ	1.0	0.98	0.95	0.92	0.87	0.81	0.75	0.70	0.65	0.60	0.56
l_0/b	30	32	34	36	38	40	42	44	46	48	50
l_0/d	26	28	29.5	31	33	34.5	36.5	38	40	41.5	43
l_0/i	104	111	118	125	132	139	146	153	160	167	174
φ	0.52	0.48	0.44	0.40	0.36	0.32	0.29	0.26	0.23	0.21	0.19

注：表中 l_0 为构件计算长度；b 为矩形截面的短边尺寸；d 为圆形截面的直径；i 为截面最小回转半径。

构件纵向弯曲计算长度 l_0 值　　表 7-2

杆件	构件及其两端固定情况	l_0
直杆	两端固定	$0.5l$
	一端固定，一端为不移动铰	$0.7l$
	两端均为不移动铰	$1.0l$
	一端固定，一端自由	$2.0l$

注：l——构件支点间长度。

2. 轴心受压构件正截面承载力计算基本公式

轴心受压柱的正截面承载力由混凝土承载力及受压钢筋承载力两部分组成，《公路钢筋混凝土及预应力混凝土桥涵设计规范》JTG D62—2004 规定，配有纵向受力钢筋和普通箍筋的短柱和长柱的正截面承载力计算公式为：

$$\gamma_0 N_d \leqslant N_u = 0.9\varphi(f_{cd}A + f'_{sd}A'_s) \tag{7-1}$$

式中 γ_0——结构重要性系数：安全等级一级 $\gamma_0 \geqslant 1.1$，安全等级二级 $\gamma_0 \geqslant 1.0$，安全等级三级 $\gamma_0 \geqslant 0.9$；

N_d——轴向压力设计值；

φ——钢筋混凝土构件的稳定系数，按表 7-1 采用；

f_{cd}——混凝土轴心抗压强度设计值，N/mm^2；

f'_{sd}——纵向钢筋的抗压强度设计值，N/mm^2；

A——构件截面面积，mm^2；

A'_s——全部纵向钢筋的截面面积。

【提醒】 当纵向钢筋配筋率 ρ' 大于 3%时，式中 A 应改用（$A-A'_s$）代替。

3. 计算方法

（1）截面设计

已知：构件截面尺寸 $b\times h$，轴向力设计值 N，构件的计算长度 l_0，材料强度等级 f_{cd}、f'_{sd}；求：纵向钢筋截面面积 A'_s。

计算步骤为：

1）计算长细比 l_0/b，由表 7-1 查得相应的稳定系数 φ；

2）由式（7-1）求得所需纵向钢筋面积 A'_s；

3）根据计算值及构造要求选择并布置钢筋。

计算步骤如图 7-6 所示。

【例 7-1】 预制的钢筋混凝土轴心受压柱截面尺寸为 $b\times h=400mm\times400mm$，计算长度 $l_0=6.4m$；承受轴向压力设计值 $N_d=2450kN$，一类环境条件，安全等级二级，采用 C30 混凝土，HRB400 级钢筋，试配置纵向钢筋和箍筋。

【解】 已知 $f_{cd}=14.3N/mm^2$，$f'_{sd}=360N/mm^2$，$\rho'_{min}=0.5\%$

① 求稳定系数 φ

长细比：$\dfrac{l_0}{b}=\dfrac{6400}{400}=16$，查表 7-1 得 $\varphi=0.87$

② 计算纵向钢筋截面面积 A'_s

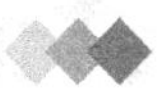

由式（7-1）得

$$A_s' = \frac{\frac{\gamma_0 N_d}{0.9\varphi} - f_{cd}A}{f_{sd}'} = \frac{\frac{1.0 \times 2450 \times 10^3}{0.9 \times 0.87} - 14.3 \times 400^2}{360} = 2336\text{mm}^2$$

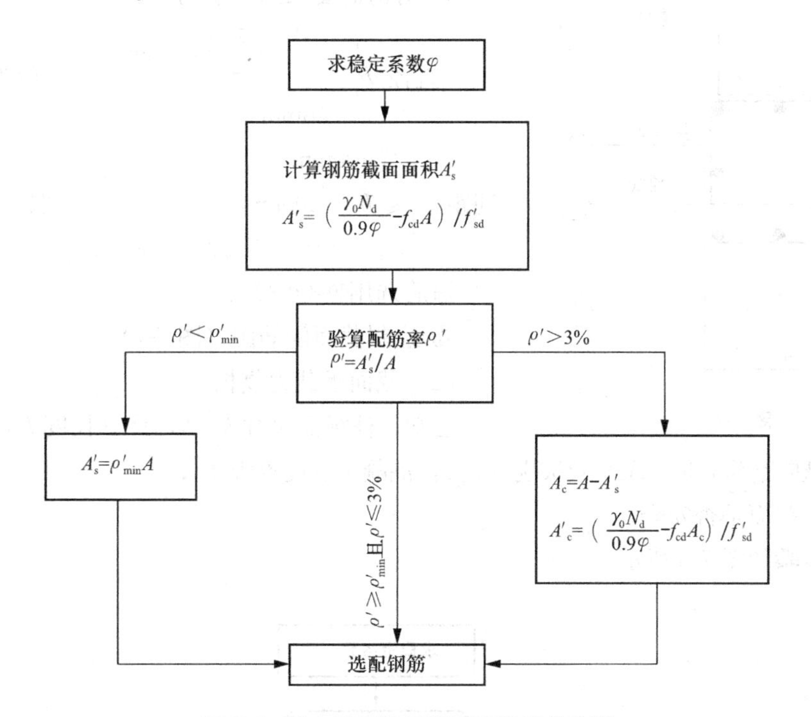

图 7-6 轴心受压构件截面设计计算步骤

③ 配置纵向钢筋

查表 7-3 得，纵向钢筋选用 8⌀20（A_s'=2513mm²）。

钢筋的计算截面面积及公称质量表 表 7-3

直径 d（mm）	不同根数钢筋的计算截面面积（mm²）									单根钢筋公称质量（kg/m）
	1	2	3	4	5	6	7	8	9	
6	28.3	57	85	113	142	170	198	226	255	0.222
6.5	33.2	66	100	133	166	199	232	265	199	0.260
8	50.3	101	151	201	252	302	352	402	453	0.395
8.2	52.8	106	158	211	264	317	370	423	475	0.432
10	78.5	157	236	314	393	471	550	628	707	0.617
12	113.1	226	339	452	565	678	791	904	1017	0.888
14	153.9	308	461	615	769	923	1077	1230	1387	1.21
16	201.1	402	603	804	1005	1206	1407	1608	1809	1.58
18	254.5	509	763	1017	1272	1526	1780	2036	2290	2.00（2.11）
20	314.2	628	941	1256	1570	1884	2200	2513	2827	2.47
22	380.1	760	1140	1520	1900	2281	2661	3041	3421	2.98
25	490.9	982	1473	1964	2454	2945	3436	3927	4418	3.85（4.10）
28	615.3	1232	1847	2463	3079	3695	4310	4926	5542	4.83
32	804.3	1609	2418	3217	4021	4826	5630	6434	7238	6.31（6.65）
36	1017.9	2036	3054	4072	5089	6107	7125	8143	9161	7.99
40	1256.1	2513	3770	5027	6283	7540	8796	10053	11310	9.87（10.34）
50	1963.5	3928	5892	7856	9820	11784	13748	15712	17676	15.42（16.28）

注：表中直径 d=8.2mm 的计算截面面积及公称质量仅适用于有纵肋的热处理钢筋。

④ 验算配筋率

$$\rho'=\frac{A_s'}{b\times h}=\frac{2513}{400\times400}=1.57\%>\rho'_{min}=0.5\%，且\ \rho'<5\%，满足要求。$$

⑤ 由构造要求选取箍筋

直径 $d\begin{cases}\geqslant\dfrac{d}{4}=\dfrac{20}{4}=5\text{mm}\\\geqslant 8\text{mm}\end{cases}$　　取为Φ 8

间距 $s\begin{cases}\leqslant 400\text{mm}\\\leqslant b=400\text{mm}\\\leqslant 15d=15\times20=300\text{mm}\end{cases}$　　取 $s=200\text{mm}$

箍筋选用Φ 8@200。

⑥ 绘制截面配筋图（图 7-7）

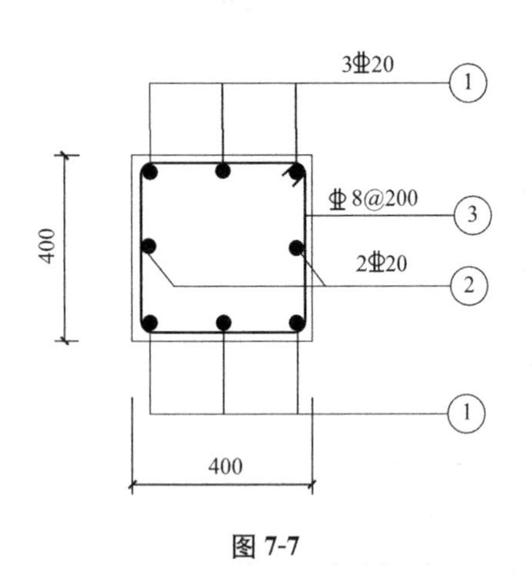

图 7-7

（2）截面承载力复核

已知：柱截面尺寸 $b\times h$，计算长度 l_0，轴向力设计值 N，纵向钢筋数量（A_s'）及级别（f_{sd}'），混凝土强度等级 f_{cd}；

判断：截面是否安全。

计算步骤如图 7-8 所示。

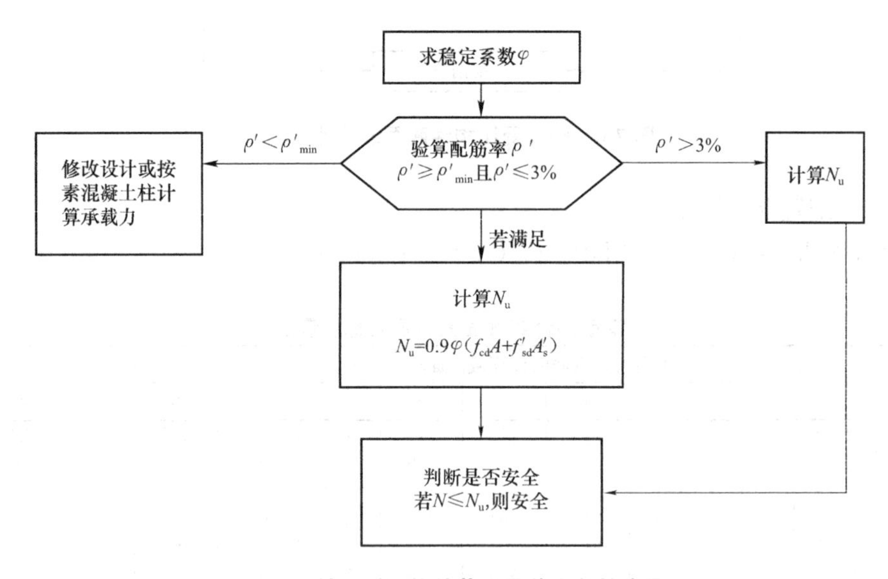

图 7-8　轴心受压构件截面承载力复核步骤

【例 7-2】 已知某钢筋混凝土轴心受压柱，截面尺寸 $b\times h=400\times400\text{mm}$，计算长度 $l_0=4.5\text{m}$，已配置 HRBF400 级纵向受力筋 8Φ^{R}22（$A_s'=3041\text{mm}^2$），混凝土强度等级为 C40，承受轴向力设计值为 3080kN，安全等级二级，试对该柱进行承载力复核。

【解】 已知 $f_y'=360\text{N/mm}^2$，$f_c=19.1\text{N/mm}^2$，$\rho'_{min}=0.5\%$

① 求稳定系数 φ

长细比：$\dfrac{l_0}{b}=\dfrac{4500}{400}=11.25$，查表 7-1 得 $\varphi=0.961$

② 验算配筋率

$$\rho'_{\min}=0.5\%<\rho'=\frac{A'_s}{A_s}=\frac{3041}{400\times400}=1.9\%<3\%$$

③ 计算柱截面承载力

$$N_u=0.9\varphi(f_{cd}A+f'_{sd}A'_s)$$
$$=0.9\times0.961\times(19.1\times400\times400+360\times3041)\times10-3$$
$$=3590\text{kN}>N_d=3080\text{kN}$$

故此柱截面安全。

【任务布置】

1. 什么是轴心受压？请举例说明。
2. 简述普通箍筋和螺旋箍筋的作用。
3. 能够进行轴心受压柱的设计和截面校核。

任务7.3 认识偏心受压构件*

偏心受压构件是轴向压力N和弯矩M共同作用或轴向压力N的作用线与重心线不重合的结果，截面出现部分受压和部分受拉或全截面不均匀受压的情况，如图7-9所示。

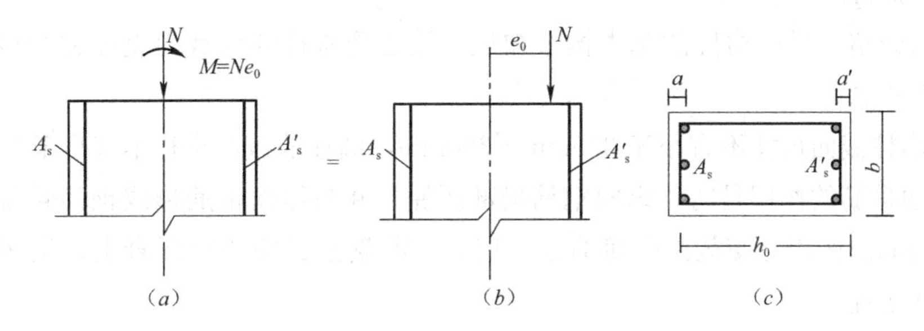

图7-9 偏心构件受力分析

(a) 压弯构件；(b) 偏心受压构件；(c) 截面配筋

试验研究表明，偏心受压构件的破坏形态与轴向压力偏心距e_0的大小和构件的配筋情况有关，分为大偏心受压破坏和小偏心受压破坏两种，如图7-10所示。大、小偏心破坏之间，有一个界限破坏，具体情况见表7-4。

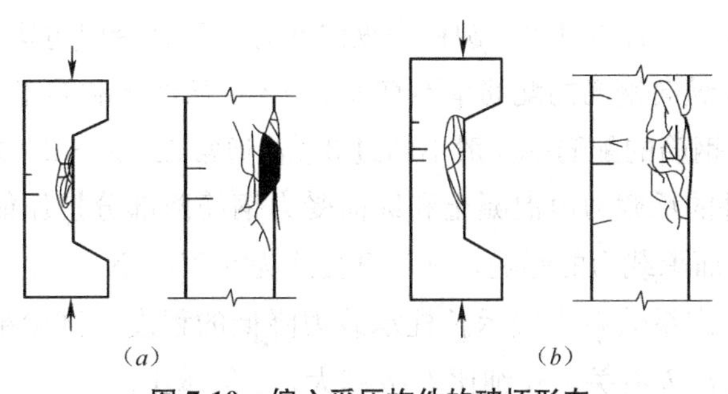

图7-10 偏心受压构件的破坏形态

(a) 小偏心受压破坏；(b) 大偏心受压破坏

偏心受压构件破坏特征　　表 7-4

破坏特征	条件	特征	破坏性质	判别标准
大偏心受压破坏（受拉破坏）	偏心距 e_0 较大，且受拉钢筋 A_s 配置不太多	离 N 较远一侧的截面受拉，另一侧截面受压。首先在受拉区出现横向裂缝，裂缝处拉力全部由钢筋承担。荷载继续加大，受拉钢筋首先达到屈服，并形成一条明显的主裂缝，随后主裂缝明显加宽并向受压一侧延伸，受压区高度迅速减小。最后，受压区边缘出现纵向裂缝，受压区混凝土被压碎而导致构件破坏，如图 7-10（b）所示	有明显预兆，属于延性破坏	$\xi=\frac{x}{h_0}\leqslant\xi_b$
小偏心受压破坏（受压破坏）	偏心距 e_0 较小，或偏心距 e_0 虽然较大但配置的受拉钢筋过多	整个截面全部受压或大部分受压，随着荷载 N 逐渐增加，靠近 N 的混凝土达到极限应变 ε_{cu} 被压碎，受压钢筋 A_s' 的应力也达到 f_y'，远离 N 一侧的钢筋 A_s 可能受压，也可能受拉，但因本身截面应力太小，或因配筋过多，都达不到屈服强度，如图 7-10（a）所示	无明显预兆，属脆性破坏	$\xi=\frac{x}{h_0}>\xi_b$

注：x——混凝土受压区高度；h_0——截面有效高度；ξ——相对受压区高度；ξ_b——界限相对受压区高度；A_s——离 N 较远一侧钢筋截面面积；A_s'——离 N 较近一侧钢筋截面面积。

项目小结

本项目介绍了受压构件的基本构造知识，轴心受压柱的承载力设计和校核，偏心受压柱的基本概念。

1. 矩形柱截面尺寸不宜小于 300mm×300mm，圆柱的截面直径不宜小于 350mm。

2. 普通箍筋的作用是防止纵向钢筋局部压屈，并与纵向钢筋形成钢筋骨架，便于施工。螺旋箍筋的作用是使截面中间部分（核心）混凝土成为约束混凝土，从而提高构件的承载力和延性。

3. 纵向受力钢筋的直径不宜小于 12mm，通常在 16～32mm 范围内选用，方形和矩形截面柱中纵向受力钢筋不少于 4 根（且在截面每一角处必须布置一根），圆柱中不宜少于 8 根且不应少于 6 根。

4. 纵向受力钢筋的净距不应小于 50mm，也不应大于 350mm。

5. 轴心受压柱的纵向受力钢筋应沿截面四周均匀对称布置，偏心受压柱的纵向受力钢筋布置在弯矩作用方向的两对边，圆柱中纵向受力钢筋宜沿周边均匀布置。

6. 受压构件全部纵向钢筋的配筋率不宜大于 5%，从经济和施工方便（不使钢筋太密集）角度考虑，受压钢筋的配筋率一般不超过 3%，通常在 1%～2%之间。

7. 轴心受压构件的承载力由混凝土和纵向受力钢筋两部分抗压能力组成，要同时考虑纵向弯曲对构件截面承载力的影响，其计算公式为 $\gamma_0 N_d\leqslant N_u=0.9\varphi(f_{cd}A+f_{sd}'A_s')$。

8. 采用构件的稳定系数 φ 来表示长柱承载力降低的程度。试验结果表明，稳定系数主要和构件的长细比 l_0/b 有关，长细比 l_0/b 越大，φ 值越小。

9*. 偏心受压构件按其破坏特征不同，分为大偏心受压构件和小偏心受压构件。当

$\xi=\frac{x}{h_0}\leqslant\xi_b$ 时，为大偏心受压破坏；当 $\xi=\frac{x}{h_0}\geqslant\xi_b$ 时，为小偏心受压破坏。

项目练习题

一、判断题

1. 一般柱中箍筋的加密区位于柱的中间部位。（　　）

2. 圆柱的最小截面尺寸不应小于 300mm。（　　）

3. 混凝土柱中钢筋有纵向钢筋和箍筋。（　　）

二、填空题

1. 钢筋混凝土轴心受压构件的承载力由________和________两部分抗压能力组成。

2. 钢筋混凝土柱中箍筋的作用之一是约束纵筋，防止纵筋受压后________。

3. 钢筋混凝土柱中纵向钢筋净距不应小于________ mm。

三、选择题

1. 轴心受压柱的最常见配筋形式为纵筋及横向箍筋，这是因为（　　）。

Ⅰ纵筋能帮助混凝土承受压力，以减少构件的截面尺寸。

Ⅱ纵筋能防止构件突然脆裂破坏及增强构件的延性。

Ⅲ纵筋能减小混凝土的徐变变形。

Ⅳ箍筋能与纵筋形成骨架，防止纵筋受力外曲。

A. Ⅰ、Ⅱ、Ⅲ　　B. Ⅱ、Ⅲ、Ⅳ　　C. Ⅰ、Ⅲ、Ⅳ　　D. Ⅰ、Ⅱ、Ⅲ、Ⅳ

2*. 钢筋混凝土偏心受压构件，其大小偏心受压的根本区别是（　　）。

A. 截面破坏时，受拉钢筋是否屈服

B. 截面破坏时，受压钢筋是否屈服

C. 偏心距的大小

D. 受压一侧的混凝土是否达到极限压应变的值

3. 纵向弯曲会使受压构件承载力降低，其降低程度随构件的（　　）增大而增大。

A. 混凝土强度　　B. 钢筋强度　　C. 长细比　　D. 配筋率

4. 受压构件全部受力纵筋的配筋率不宜大于（　　）

A. 4%　　B. 5%　　C. 6%　　D. 4.5%

5. 某矩形截面轴心受压柱，截面尺寸 400mm×400mm，经承载力计算纵向受力钢筋面积 $A_s=760mm^2$，实配钢筋为（　　）。

A. 3Φ18　　B. 4Φ16　　C. 2Φ22　　D. 5Φ14

6. 关于钢筋混凝土柱构造要求的叙述中，（　　）是不正确的。

A. 纵向钢筋配置越多越好　　B. 纵向钢筋沿周边布置

C. 箍筋应形成封闭　　D. 纵向钢筋净距不小于 50mm

7*. 小偏心受压破坏的主要特征是（　　）。

A. 混凝土首先被压碎　　B. 钢筋首先被拉屈服

C. 混凝土压碎时钢筋同时被拉屈服　　D. 钢筋先被拉屈服然后混凝土被压碎

四、计算题

1. 某钢筋混凝土轴心受压柱，截面尺寸为 350mm×350mm，计算长度 $l_0=3.85m$，混凝土强度等级 C30，纵筋采用 HRB400，箍筋 HRB400，承受轴心压力设计值 $N=1800$kN。试根据计算和构造选配纵筋和箍筋。

2. 某轴心受压柱，截面尺寸为 300mm×300mm，已配置 4 ⏀18 的 HRB400 级钢筋，混凝土为 C40，柱的计算长度为 4.5m，该柱承受的轴向力设计值 $N=980$kN，试校核其截面承载力。

附录 1 型钢规格表

热轧等边角钢组合截面特性表（按《热轧型钢》GB/T 706—2008） **附表 1-1**

角钢型号	两个角钢的截面面积 (cm^2)	两个角钢的重量 (kg/m)	y-y 轴截面特性 a 为角钢肢背之间的距离（mm）															
			a=0mm		a=4mm		a=6mm		a=8mm		a=10mm		a=12mm		a=14mm		a=16mm	
			W_y (cm^3)	i_y (cm)	W_y (cm^3)	i_y (cm)	W_y (cm^3)	i_y (cm)	W_y (cm^3)	i_y (cm)	W_y (cm^3)	i_y (cm)	W_y (cm^3)	i_y (cm)	W_y (cm^3)	i_y (cm)	W_y (cm^3)	i_y (cm)
2L20×3	2.26	1.78	0.81	0.85	1.03	1.00	1.15	1.08	1.28	1.17	1.42	1.25	1.57	1.34	1.72	1.43	1.88	1.52
4	2.92	2.29	1.09	0.87	1.38	1.02	1.55	1.11	1.73	1.19	1.91	1.28	2.10	1.37	2.30	1.46	2.51	1.55
2L25×3	2.86	2.25	1.26	1.05	1.52	1.20	1.66	1.27	1.82	1.36	1.98	1.44	2.15	1.53	2.33	1.61	2.52	1.70
4	3.72	2.92	1.69	1.07	2.04	1.22	2.21	1.30	2.44	1.38	2.66	1.47	2.89	1.55	3.13	1.64	3.38	1.73
2L30×3	3.50	2.75	1.81	1.25	2.11	1.39	2.28	1.47	2.46	1.55	2.65	1.63	2.84	1.71	3.05	1.80	3.26	1.88
4	4.55	3.57	2.42	1.26	2.83	1.41	3.06	1.49	3.30	1.57	3.55	1.65	3.82	1.74	4.09	1.82	4.38	1.91
2L36×3	4.22	3.31	2.60	1.49	2.95	1.63	3.14	1.70	3.35	1.78	3.56	1.86	3.79	1.94	4.02	2.03	4.27	2.11
4	5.51	4.33	3.47	1.51	3.95	1.65	4.21	1.73	4.49	1.80	4.78	1.89	5.08	1.97	5.39	2.05	5.72	2.14
5	6.76	5.31	4.36	1.52	4.96	1.67	5.30	1.75	5.64	1.83	6.01	1.91	6.39	1.99	6.78	2.08	7.19	2.16
2L40×3	4.72	3.70	3.20	1.65	3.59	1.79	3.80	1.86	4.02	1.94	4.26	2.01	4.50	2.09	4.76	2.18	5.02	2.26
4	6.17	4.85	4.28	1.67	4.80	1.81	5.09	1.88	5.39	1.96	5.70	2.04	6.03	2.12	6.37	2.20	6.72	2.29
5	7.58	5.95	5.37	1.68	6.03	1.83	6.39	1.90	6.77	1.98	7.17	2.06	7.58	2.14	8.01	2.23	8.45	2.31
2L45×3	5.32	4.18	4.05	1.85	4.48	1.99	4.71	2.06	4.95	2.14	5.21	2.21	5.47	2.29	5.75	2.37	6.04	2.45
4	6.97	5.47	5.41	1.87	5.99	2.01	6.30	2.08	6.63	2.16	6.97	2.24	7.33	2.32	7.70	2.40	8.09	2.48
5	8.58	6.74	6.78	1.89	7.51	2.03	7.91	2.10	8.32	2.18	8.76	2.26	9.21	2.34	9.67	2.42	10.15	2.50
6	10.15	7.97	8.16	1.90	9.05	2.05	9.53	2.12	10.04	2.20	10.56	2.28	11.10	2.36	11.66	2.44	12.24	2.53

续表

角钢型号	两个角钢的截面面积 (cm^2)	两个角钢的重量 (kg/m)	y-y 轴截面特性 a 为角钢肢背之间的距离 (mm)															
			a=0mm		a=4mm		a=6mm		a=8mm		a=10mm		a=12mm		a=14mm		a=16mm	
			W_y (cm^3)	i_y (cm)	W_y (cm^3)	i_y (cm)	W_y (cm^3)	i_y (cm)	W_y (cm^3)	i_y (cm)	W_y (cm^3)	i_y (cm)	W_y (cm^3)	i_y (cm)	W_y (cm^3)	i_y (cm)	W_y (cm^3)	i_y (cm)
2L50×3	5.94	4.66	5.00	2.05	5.47	2.19	5.72	2.26	5.98	2.33	6.26	2.41	6.55	2.48	6.85	2.56	7.16	2.64
4	7.79	6.12	6.68	2.07	7.31	2.21	7.65	2.28	8.01	2.36	8.38	2.43	8.77	2.51	9.17	2.59	9.58	2.67
5	9.61	7.54	8.36	2.09	9.16	2.23	9.59	2.30	10.05	2.38	10.52	2.45	11.00	2.53	11.51	2.61	12.03	2.70
6	11.38	8.93	10.06	2.10	11.03	2.25	11.56	2.32	12.10	2.40	12.67	2.48	13.26	2.56	13.87	2.64	14.50	2.72
2L56×3	6.69	5.25	6.27	2.29	6.79	2.43	7.06	2.50	7.35	2.57	7.66	2.64	7.97	2.72	8.30	2.80	8.64	2.88
4	7.78	6.89	8.37	2.31	9.07	2.45	9.44	2.52	9.83	2.59	10.24	2.67	10.66	2.74	11.10	2.82	11.55	2.90
5	10.83	8.50	10.47	2.33	11.36	2.47	11.83	2.54	12.33	2.61	12.84	2.69	13.38	2.77	13.93	2.85	14.49	2.93
8	16.73	13.14	16.87	2.38	18.34	2.52	19.13	2.60	19.94	2.67	20.78	2.75	21.65	2.83	22.55	2.91	23.46	3.00
2L63×4	9.96	7.81	10.59	2.59	11.36	2.72	11.78	2.79	12.21	2.87	12.66	2.94	13.12	3.02	13.60	3.09	14.10	3.17
5	12.29	9.64	13.25	2.61	14.23	2.74	14.75	2.82	15.30	2.89	15.86	2.96	16.45	3.04	17.05	3.12	17.67	3.20
6	14.58	11.44	15.92	2.62	17.11	2.76	17.75	2.83	18.41	2.91	19.09	2.98	19.80	3.06	20.53	3.14	21.28	3.22
8	19.03	14.94	21.31	2.66	22.94	2.80	23.80	2.87	24.70	2.95	25.62	3.03	26.58	3.10	27.56	3.18	28.57	3.26
10	23.31	18.30	26.77	2.69	28.85	2.84	29.95	2.91	31.09	2.99	32.26	3.07	33.46	3.15	34.70	3.23	35.97	3.31
2L70×4	11.14	8.74	13.07	2.87	13.92	3.00	14.37	3.07	14.85	3.14	15.34	3.21	15.84	3.29	16.36	3.36	16.90	3.44
5	13.75	10.79	16.35	2.88	17.43	3.02	18.00	3.09	18.60	3.16	19.21	3.24	19.85	3.31	20.50	3.39	21.18	3.47
6	16.32	12.81	19.64	2.90	20.95	3.04	21.64	3.11	22.36	3.18	23.11	3.26	23.88	3.33	24.67	3.41	25.48	3.49
7	18.85	14.80	22.94	2.92	24.49	3.06	25.31	3.13	26.16	3.20	27.03	3.28	27.94	3.36	28.86	3.43	29.82	3.51
8	21.33	16.75	26.26	2.94	28.05	3.08	29.00	3.15	29.97	3.22	30.98	3.30	32.02	3.38	33.09	3.46	34.18	3.54
2L75×5	14.82	11.64	18.76	3.08	19.91	3.22	20.52	3.29	21.15	3.36	21.81	3.43	22.48	3.50	23.17	3.58	23.89	3.66
6	17.59	13.81	22.54	3.10	23.93	3.24	24.67	3.31	25.43	3.38	26.22	3.45	27.04	3.53	27.87	3.60	28.73	3.68
7	20.32	15.95	26.32	3.12	27.97	3.26	28.84	3.33	29.74	3.40	30.67	3.47	31.62	3.55	32.60	3.63	33.61	3.71
8	23.01	18.06	30.13	3.13	32.03	3.27	33.03	3.35	34.07	3.42	35.13	3.50	36.23	3.57	37.36	3.65	38.52	3.73
10	28.25	22.18	37.79	3.17	40.22	3.31	41.49	3.38	42.81	3.46	44.16	3.54	45.55	3.61	46.97	3.69	48.43	3.77

续表

角钢型号	两个角钢的截面面积 (cm^2)	两个角钢的重量 (kg/m)	y-y 轴截面特性 a 为角钢肢背之间的距离（mm）															
			a=0mm		a=4mm		a=6mm		a=8mm		a=10mm		a=12mm		a=14mm		a=16mm	
			W_y (cm^3)	i_y (cm)	W_y (cm^3)	i_y (cm)	W_y (cm^3)	i_y (cm)	W_y (cm^3)	i_y (cm)	W_y (cm^3)	i_y (cm)	W_y (cm^3)	i_y (cm)	W_y (cm^3)	i_y (cm)	W_y (cm^3)	i_y (cm)
2L80×5	15.82	12.42	21.34	3.28	22.56	3.42	23.20	3.49	23.86	3.56	24.55	3.63	25.26	3.71	25.99	3.78	26.74	3.86
6	18.79	14.75	25.63	3.30	27.10	3.44	27.88	3.51	28.69	3.58	29.52	3.65	30.37	3.73	31.25	3.80	32.15	3.88
7	21.72	17.05	29.93	3.32	31.67	3.46	32.59	3.53	33.53	3.60	34.51	3.67	35.51	3.75	36.54	3.83	37.60	3.90
8	24.61	19.32	34.24	3.34	36.25	3.48	37.31	3.55	38.40	3.62	39.53	3.70	40.68	3.77	41.87	3.85	43.08	3.93
10	30.25	23.75	42.93	3.37	45.50	3.51	46.84	3.58	48.23	3.66	49.65	3.74	51.11	3.81	52.61	3.89	54.14	3.97
2L90×6	21.27	16.70	32.41	3.70	34.06	3.84	34.92	3.91	35.81	3.98	36.72	4.05	37.66	4.12	38.63	4.20	39.62	4.27
7	24.60	19.31	37.84	3.72	39.78	3.86	40.79	3.93	41.84	4.00	42.91	4.07	44.02	4.14	45.15	4.22	46.31	4.30
8	27.89	21.89	43.29	3.74	45.52	3.88	46.69	3.95	47.90	4.02	49.13	4.09	50.40	4.17	51.71	4.24	53.04	4.32
10	34.33	26.95	54.24	3.77	57.08	3.91	58.57	3.98	60.09	4.06	61.66	4.13	63.27	4.21	64.91	4.28	66.59	4.36
12	40.61	31.88	65.28	3.80	68.75	3.95	70.56	4.02	72.42	4.09	74.32	4.17	76.27	4.25	78.26	4.32	80.30	4.40
2L100×6	23.86	18.73	40.01	4.09	41.82	4.23	42.77	4.30	43.75	4.37	44.75	4.44	45.78	4.51	46.83	4.58	47.91	4.66
7	27.59	21.66	46.71	4.11	48.84	4.25	49.95	4.32	51.10	4.39	52.27	4.46	53.48	4.53	54.72	4.61	55.98	4.68
8	31.28	24.55	53.42	4.13	55.87	4.27	57.16	4.34	58.48	4.41	59.83	4.48	61.22	4.55	62.64	4.63	64.09	4.70
10	38.52	30.24	66.90	4.17	70.02	4.31	71.65	4.38	73.32	4.45	75.03	4.52	76.79	4.60	78.58	4.67	80.41	4.75
12	45.60	35.80	80.47	4.20	84.28	4.34	86.26	4.41	88.29	4.49	90.37	4.56	92.50	4.64	94.67	4.71	96.89	4.79
14	52.51	41.22	94.15	4.23	98.66	4.38	101.00	4.45	103.40	4.53	105.85	4.60	108.36	4.68	110.92	4.75	113.52	4.83
16	59.25	46.51	107.96	4.27	113.16	4.41	115.89	4.49	118.66	4.56	121.49	4.64	124.38	4.72	127.33	4.80	130.33	4.87
2L110×7	30.39	23.86	56.48	4.52	58.80	4.65	60.01	4.72	61.25	4.79	62.52	4.86	63.82	4.94	65.15	5.01	66.51	5.08
8	34.48	27.06	64.58	4.54	67.25	4.67	68.65	4.74	70.07	4.81	71.54	4.88	73.03	4.96	74.56	5.03	76.13	5.10
10	42.52	33.38	80.84	4.57	84.24	4.71	86.00	4.78	87.81	4.85	89.66	4.92	91.56	5.00	93.49	5.07	95.46	5.15
12	50.40	39.56	97.20	4.61	101.34	4.75	103.48	4.82	105.68	4.89	107.93	4.96	110.22	5.04	112.57	5.11	114.96	5.19
14	58.11	45.62	113.67	4.64	118.56	4.78	121.10	4.85	123.69	4.93	126.34	5.00	129.05	5.08	131.81	5.15	134.62	5.23

续表

角钢型号	两个角钢的截面面积 (cm^2)	两个角钢的重量 (kg/m)	y-y 轴截面特性 a 为角钢肢背之间的距离 (mm)															
			a=0mm		a=4mm		a=6mm		a=8mm		a=10mm		a=12mm		a=14mm		a=16mm	
			W_y (cm^3)	i_y (cm)	W_y (cm^3)	i_y (cm)	W_y (cm^3)	i_y (cm)	W_y (cm^3)	i_y (cm)	W_y (cm^3)	i_y (cm)	W_y (cm^3)	i_y (cm)	W_y (cm^3)	i_y (cm)	W_y (cm^3)	i_y (cm)
2L125×8	39.50	31.01	83.36	5.14	86.36	5.27	87.92	5.34	89.52	5.41	91.15	5.48	92.81	5.55	94.52	5.62	96.25	5.69
10	48.75	38.27	104.31	5.17	108.12	5.31	110.09	5.38	112.11	5.45	114.17	5.52	116.28	5.59	118.43	5.66	120.62	5.74
12	57.82	45.39	125.35	5.21	129.98	5.34	132.38	5.41	134.84	5.48	137.34	5.56	139.89	5.63	143.49	5.70	145.15	5.78
14	66.73	52.39	146.50	5.24	151.98	5.38	154.82	5.45	157.71	5.52	160.66	5.59	163.67	5.67	166.73	5.74	169.85	5.82
2L140×10	54.75	42.98	130.73	5.78	134.94	5.92	137.12	5.98	139.34	6.05	141.61	6.12	143.92	6.20	146.27	6.27	148.67	6.34
12	65.02	51.04	157.04	5.81	162.16	5.95	164.81	6.02	167.50	6.09	170.25	6.16	173.06	6.23	175.91	6.31	178.81	6.38
14	75.13	58.98	183.46	5.85	189.51	5.98	192.63	6.06	195.82	6.13	199.06	6.20	202.36	6.27	205.72	6.34	209.13	6.42
16	85.08	66.79	210.01	5.88	217.01	6.02	220.62	6.09	224.29	6.16	228.03	6.23	231.84	6.31	235.71	6.38	239.64	6.46
2L160×10	63.00	49.46	170.67	6.58	175.42	6.72	177.87	6.78	180.37	6.85	182.91	6.92	185.50	6.99	188.14	7.06	190.81	7.13
12	74.88	58.78	204.95	6.62	210.43	6.75	213.70	6.82	216.73	6.89	219.81	6.96	222.95	7.03	226.14	7.10	229.38	7.17
14	86.59	67.97	239.33	6.65	246.10	6.79	249.67	6.86	253.24	6.93	256.87	7.00	260.56	7.07	264.32	7.14	268.13	7.21
16	98.13	77.04	273.85	6.68	281.74	6.82	285.79	6.89	289.91	6.96	294.10	7.03	298.36	7.10	302.68	7.18	307.07	7.25
2L180×12	84.48	66.32	259.20	7.43	265.62	7.56	268.92	7.63	272.27	7.70	275.68	7.77	279.14	7.84	282.66	7.91	286.23	7.98
14	97.79	76.77	302.61	7.46	310.19	7.60	314.07	7.67	318.02	7.74	322.04	7.81	326.11	7.88	330.25	7.95	334.45	8.02
16	110.93	87.08	346.14	7.49	354.90	7.63	359.38	7.70	363.94	7.77	368.57	7.84	373.27	7.91	378.03	7.98	382.86	8.06
18	123.91	97.27	389.82	7.53	399.77	7.66	404.86	7.73	410.04	7.80	415.29	7.87	420.62	7.95	426.02	8.02	431.50	8.09
2L200×14	109.28	85.79	373.41	8.27	381.75	8.40	386.02	8.47	390.36	8.54	394.76	8.61	399.22	8.67	403.75	8.75	408.33	8.82
16	124.03	97.36	427.04	8.30	436.67	8.43	441.59	8.50	446.59	8.57	451.66	8.64	456.80	8.71	462.02	8.78	467.30	8.85
18	138.60	108.80	480.81	8.33	491.75	8.47	497.34	8.53	503.01	8.60	508.76	8.67	514.59	8.75	520.50	8.82	526.48	8.89
20	153.01	120.11	534.75	8.36	547.01	8.50	553.28	8.57	559.63	8.64	566.07	8.71	572.60	8.78	579.21	8.85	585.91	8.92
24	181.32	142.34	643.20	8.42	658.16	8.56	665.80	8.63	673.55	8.71	681.39	8.78	689.34	8.85	697.38	8.92	705.52	9.00

热轧不等边角钢组合截面特性表（按《热轧型钢》GB/T 706—2008） 附表 1-2

角钢型号	两角钢的截面面积（cm²）	两角钢的重量（kg/m）	长肢相连时绕 y-y 轴回转半径 i_y（cm）								短肢相连时绕 y-y 轴回转半径 i_y（cm）							
			a=0mm	a=4mm	a=6mm	a=8mm	a=10mm	a=12mm	a=14mm	a=16mm	a=0mm	a=4mm	a=6mm	a=8mm	a=10mm	a=12mm	a=14mm	a=16mm
2L25×16×3	2.32	1.82	0.61	0.76	0.84	0.93	1.02	1.11	1.20	1.30	1.16	1.32	1.40	1.48	1.57	1.66	1.74	1.83
4	3.00	2.35	0.63	0.78	0.87	0.96	1.05	1.14	1.23	1.33	1.18	1.34	1.42	1.51	1.60	1.68	1.77	1.86
2L32×20×3	2.98	2.24	0.74	0.89	0.97	1.05	1.14	1.23	1.32	1.41	1.48	1.63	1.71	1.79	1.88	1.96	2.05	2.14
4	3.88	3.04	0.76	0.91	0.99	1.08	1.16	1.25	1.34	1.44	1.50	1.66	1.74	1.82	1.90	1.99	2.08	2.17
2L40×25×3	3.78	2.97	0.92	1.06	1.13	1.21	1.30	1.38	1.47	1.56	1.84	1.99	2.07	2.14	2.23	2.31	2.39	2.48
4	4.93	3.87	0.93	1.08	1.16	1.24	1.32	1.41	1.50	1.58	1.86	2.01	2.09	2.17	2.25	2.34	2.42	2.51
2L45×28×3	4.30	3.37	1.02	1.15	1.23	1.31	1.39	1.47	1.56	1.64	2.06	2.21	2.28	2.36	2.44	2.52	2.60	2.69
4	5.61	4.41	1.03	1.18	1.25	1.33	1.41	1.50	1.59	1.67	2.08	2.23	2.31	2.39	2.47	2.55	2.63	2.72
2L50×32×3	4.86	3.82	1.17	1.30	1.37	1.45	1.53	1.61	1.69	1.78	2.27	2.41	2.49	2.56	2.64	2.72	2.81	2.89
4	6.35	4.99	1.18	1.32	1.40	1.47	1.55	1.64	1.72	1.81	2.29	2.44	2.51	2.59	2.67	2.75	2.84	2.92
2L56×36×3	5.49	4.31	1.31	1.44	1.51	1.59	1.66	1.74	1.83	1.91	2.53	2.67	2.75	2.82	2.90	2.98	3.06	3.14
4	7.18	5.64	1.33	1.46	1.53	1.61	1.69	1.77	1.85	1.94	2.55	2.70	2.77	2.85	2.93	3.01	3.09	3.17
5	8.83	6.93	1.34	1.48	1.56	1.63	1.71	1.79	1.88	1.96	2.57	2.72	2.80	2.88	2.96	3.04	3.12	3.20
2L63×40×4	8.12	6.37	1.46	1.59	1.66	1.74	1.81	1.89	1.97	2.06	2.86	3.01	3.09	3.16	3.24	3.32	3.40	3.48
5	9.99	7.84	1.47	1.61	1.68	1.76	1.84	1.92	2.00	2.08	2.89	3.03	3.11	3.19	3.27	3.35	3.43	3.51
6	11.82	9.28	1.49	1.63	1.71	1.78	1.86	1.94	2.03	2.11	2.91	3.06	3.13	3.21	3.29	3.37	3.45	3.53
7	13.60	10.68	1.51	1.65	1.73	1.81	1.89	1.97	2.05	2.14	2.93	3.08	3.16	3.24	3.32	3.40	3.48	3.56
2L70×45×4	9.11	7.15	1.64	1.77	1.84	1.91	1.99	2.07	2.15	2.23	3.17	3.31	3.39	3.46	3.54	3.62	3.69	3.77
5	11.22	8.81	1.66	1.79	1.86	1.94	2.01	2.09	2.17	2.25	3.19	3.34	3.41	3.49	3.57	3.64	3.72	3.80
6	13.29	10.43	1.67	1.81	1.88	1.96	2.04	2.11	2.20	2.28	3.21	3.36	3.44	3.51	3.59	3.67	3.75	3.83
7	15.31	12.02	1.69	1.83	1.90	1.98	2.06	2.14	2.22	2.30	3.23	3.38	3.46	3.54	3.61	3.69	3.77	3.86
2L75×50×5	12.25	9.62	1.85	1.99	2.06	2.13	2.20	2.28	2.36	2.44	3.39	3.53	3.60	3.68	3.76	3.83	3.91	3.99
6	14.52	11.40	1.87	2.00	2.08	2.15	2.23	2.30	2.38	2.46	3.41	3.55	3.63	3.70	3.78	3.86	3.94	4.02
8	18.93	14.86	1.90	2.04	2.12	2.19	2.27	2.35	2.43	2.51	3.45	3.60	3.67	3.75	3.83	3.91	3.99	4.07
10	23.18	18.20	1.94	2.08	2.16	2.24	2.31	2.40	2.48	2.56	3.49	3.64	3.71	3.79	3.87	3.95	4.03	4.12

续表

角钢型号	两角钢的截面面积 (cm^2)	两角钢的重量 (kg/m)	长肢相连时绕 y-y 轴回转半径 i_y (cm)								短肢相连时绕 y-y 轴回转半径 i_y (cm)							
			a=0mm	a=4mm	a=6mm	a=8mm	a=10mm	a=12mm	a=14mm	a=16mm	a=0mm	a=4mm	a=6mm	a=8mm	a=10mm	a=12mm	a=14mm	a=16mm
2L80×50×5	12.75	10.01	1.82	1.95	2.02	2.09	2.17	2.24	2.32	2.40	3.66	3.80	3.88	3.95	4.03	4.10	4.18	4.26
6	15.12	11.87	1.83	1.97	2.04	2.11	2.19	2.27	2.34	2.43	3.68	3.82	3.90	3.98	4.05	4.13	4.21	4.29
7	17.45	13.70	1.85	1.99	2.06	2.13	2.21	2.29	2.37	2.45	3.70	3.85	3.92	4.00	4.08	4.16	4.23	4.32
8	19.73	15.49	1.86	2.00	2.08	2.15	2.23	2.31	2.39	2.47	3.72	3.87	3.94	4.02	4.10	4.18	4.26	4.34
2L90×56×5	14.42	11.32	2.02	2.15	2.22	2.29	2.36	2.44	2.52	2.59	4.10	4.25	4.32	4.39	4.47	4.55	4.62	4.70
6	17.11	13.43	2.04	2.17	2.24	2.31	2.39	2.46	2.54	2.62	4.12	4.27	4.34	4.42	4.50	4.57	4.65	4.73
7	19.76	15.51	2.05	2.19	2.26	2.33	2.41	2.48	2.56	2.64	4.15	4.29	4.37	4.44	4.52	4.60	4.68	4.76
8	22.37	17.56	2.07	2.21	2.28	2.35	2.43	2.51	2.59	2.67	4.17	4.31	4.39	4.47	4.54	4.62	4.70	4.78
2L100×63×6	19.23	15.10	2.29	2.42	2.49	2.56	2.63	2.71	2.78	2.86	4.56	4.70	4.77	4.85	4.92	5.00	5.08	5.16
7	22.22	17.44	2.31	2.44	2.51	2.58	2.65	2.73	2.80	2.88	4.58	4.72	4.80	4.87	4.95	5.03	5.10	5.18
8	25.17	19.76	2.32	2.46	2.53	2.60	2.67	2.75	2.83	2.91	4.60	4.75	4.82	4.90	4.97	5.05	5.13	5.21
10	30.93	24.28	2.35	2.49	2.57	2.64	2.72	2.79	2.87	2.95	4.64	4.79	4.86	4.94	5.02	5.10	5.18	5.26
2L100×80×6	21.27	16.70	3.11	3.24	3.31	3.38	3.45	3.52	3.59	3.67	4.33	4.47	4.54	4.62	4.69	4.76	4.84	4.91
7	24.60	19.31	3.12	3.26	3.32	3.39	3.47	3.54	3.61	3.69	4.35	4.49	4.57	4.64	4.71	4.79	4.86	4.94
8	27.89	21.89	3.14	3.27	3.34	3.41	3.49	3.56	3.64	3.71	4.37	4.51	4.59	4.66	4.73	4.81	4.88	4.96
10	34.33	26.95	3.17	3.31	3.38	3.45	3.53	3.60	3.68	3.75	4.41	4.55	4.63	4.70	4.78	4.85	4.93	5.01
2L110×70×6	21.27	16.70	2.55	2.68	2.74	2.81	2.88	2.96	3.03	3.11	5.00	5.14	5.21	5.29	5.36	5.44	5.51	5.59
7	24.60	19.31	2.56	2.69	2.76	2.83	2.90	2.98	3.05	3.13	5.02	5.16	5.24	5.31	5.39	5.46	5.53	5.62
8	27.89	21.89	2.58	2.71	2.78	2.85	2.92	3.00	3.07	3.15	5.04	5.19	5.26	5.34	5.41	5.49	5.56	5.64
10	34.33	26.95	2.61	2.74	2.82	2.89	2.96	3.04	3.12	3.19	5.08	5.23	5.30	5.38	5.46	5.53	5.61	5.69
2L125×80×7	28.19	22.13	2.92	3.05	3.13	3.18	3.25	3.33	3.40	3.47	5.68	5.82	5.90	5.97	6.04	6.12	6.20	6.27
8	31.98	25.10	2.94	3.07	3.15	3.20	3.27	3.35	3.42	3.49	5.70	5.85	5.92	5.99	6.07	6.14	6.22	6.30
10	39.42	30.95	2.97	3.10	3.17	3.24	3.31	3.39	3.46	3.54	5.74	5.89	5.96	6.04	6.11	6.19	6.27	6.34
12	46.70	36.66	3.00	3.13	3.20	3.28	3.35	3.43	3.50	3.58	5.78	5.93	6.00	6.08	6.16	6.23	6.31	6.39

续表

角钢型号	两角钢的截面面积 (cm^2)	两角钢的重量 (kg/m)	长肢相连时绕 y-y 轴回转半径 i_y (cm)								短肢相连时绕 y-y 轴回转半径 i_y (cm)							
			a=0mm	a=4mm	a=6mm	a=8mm	a=10mm	a=12mm	a=14mm	a=16mm	a=0mm	a=4mm	a=6mm	a=8mm	a=10mm	a=12mm	a=14mm	a=16mm
2L140×90×8	36.08	28.32	3.29	3.42	3.49	3.56	3.63	3.70	3.77	3.84	6.36	6.51	6.58	6.65	6.73	6.80	6.88	6.95
10	44.52	34.95	3.32	3.45	3.52	3.59	3.66	3.73	3.81	3.88	6.40	6.55	6.62	6.70	6.77	6.85	6.92	7.00
12	52.80	41.45	3.35	3.49	3.56	3.63	3.70	3.77	3.85	3.92	6.44	6.59	6.66	6.74	6.81	6.89	6.97	7.04
14	60.91	47.82	3.38	3.52	3.59	3.66	3.74	3.81	3.89	3.97	6.48	6.63	6.70	6.78	6.86	6.93	7.01	7.09
2L160×100×10	50.63	39.74	3.65	3.77	3.84	3.91	3.98	4.05	4.12	4.19	7.34	7.48	7.55	7.63	7.70	7.78	7.85	7.93
12	60.11	47.18	3.68	3.81	3.87	3.94	4.01	4.09	4.16	4.23	7.38	7.52	7.60	7.67	7.75	7.82	7.90	7.97
14	69.42	54.49	3.70	3.84	3.91	3.98	4.05	4.12	4.20	4.27	7.42	7.56	7.64	7.71	7.79	7.86	7.94	8.02
16	78.56	61.67	3.74	3.87	3.94	4.02	4.09	4.16	4.24	4.31	7.45	7.60	7.68	7.75	7.83	7.90	7.98	8.06
2L180×110×10	56.75	44.55	3.97	4.10	4.16	4.23	4.30	4.36	4.44	4.51	8.27	8.41	8.49	8.56	8.63	8.71	8.78	8.86
12	67.42	52.93	4.00	4.13	4.19	4.26	4.33	4.40	4.47	4.54	8.31	8.46	8.53	8.60	8.68	8.75	8.83	8.90
14	77.93	61.18	4.03	4.16	4.23	4.30	4.37	4.44	4.51	4.58	8.35	8.50	8.57	8.64	8.72	8.79	8.87	8.95
16	88.28	69.30	4.06	4.19	4.26	4.33	4.40	4.47	4.55	4.62	8.39	8.53	8.61	8.68	8.76	8.84	8.91	8.99
2L200×125×12	75.82	59.52	4.56	4.69	4.75	4.82	4.88	4.95	5.02	5.09	9.18	9.32	9.39	9.47	9.54	9.62	9.69	9.76
14	87.73	68.87	4.59	4.72	4.78	4.85	4.92	4.99	5.06	5.13	9.22	9.36	9.43	9.51	9.58	9.66	9.73	9.81
16	99.48	78.09	4.61	4.75	4.81	4.88	4.95	5.02	5.09	5.17	9.25	9.40	9.47	9.55	9.62	9.70	9.77	9.85
18	111.05	87.18	4.64	4.78	4.85	4.92	4.99	5.06	5.13	5.21	9.29	9.44	9.51	9.59	9.66	9.74	9.81	9.89

附表 1-3

热轧普通工字钢规格及截面特性（按《热轧型钢》GB/T 706—2008）

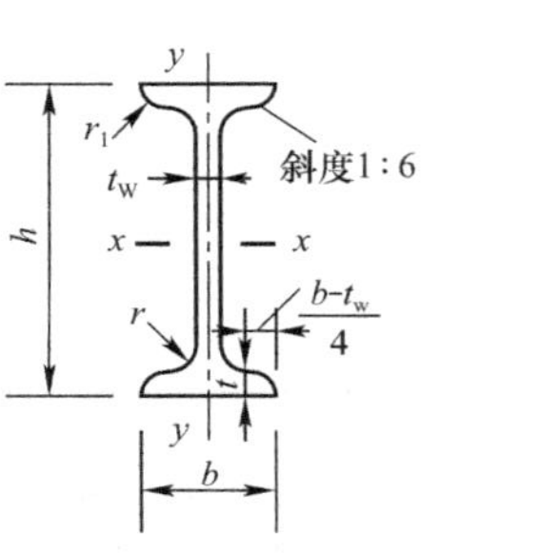

I——截面惯性矩；
W——截面抵抗矩；
S——半截面面积矩；
i——截面回转半径。

型号	尺寸（mm）						截面面积 A (cm^2)	每米重量 (kg/m)	截面特性						
									x-x 轴				y-y 轴		
	h	b	t_w	t	r	r_1			I_x (cm^4)	W_x (cm^3)	S_x (cm^3)	i_x (cm)	I_y (cm^4)	W_y (cm^3)	i_y (cm)
工 10	100	68	4.5	7.6	6.5	3.3	14.33	11.25	245	49.0	28.2	4.14	32.8	9.6	1.51
工 12.6	126	74	5.0	8.4	7.0	3.5	18.10	14.21	488	77.4	44.2	5.19	46.9	12.7	1.61
工 14	140	80	5.5	9.1	7.5	3.8	21.50	16.88	712	101.7	58.4	5.75	64.3	16.1	1.73
工 16	160	88	6.0	9.9	8.0	4.0	26.11	20.50	1127	140.9	80.8	6.57	93.1	21.1	1.89
工 18	180	94	6.5	10.7	8.5	4.3	30.74	24.13	1699	185.4	106.5	7.37	122.9	26.2	2.00
工 20a	200	100	7.0	11.4	9.0	4.5	35.55	27.91	2369	236.9	136.1	8.16	157.9	31.6	2.11
工 20b	200	102	9.0	11.4	9.0	4.5	39.55	31.05	2502	250.2	146.1	7.95	169.0	33.1	2.07
工 22a	220	110	7.5	12.3	9.5	4.8	42.10	33.05	3406	309.6	177.7	8.99	225.9	41.1	2.32
工 22b	220	112	9.5	12.3	9.5	4.8	46.50	36.5	3583	325.8	189.8	8.78	240.2	42.9	2.27
工 25a	250	116	8.0	13.0	10.0	5.0	48.51	38.08	5017	401.4	23.07	10.17	280.4	48.4	2.40
工 25b	250	118	10.0	13.0	10.0	5.0	53.51	42.01	5278	422.2	426.3	9.93	297.3	50.4	2.36
工 28a	280	122	8.5	13.7	10.5	5.3	55.37	43.47	7115	508.2	292.7	11.34	344.1	56.4	2.49
工 28b	280	124	10.5	13.7	10.5	5.3	60.97	47.86	7481	534.4	321.3	11.08	363.8	58.7	2.44
工 32a	320	130	9.5	15.0	11.5	5.8	67.12	52.69	11080	692.5	400.5	12.85	459.0	70.6	2.62
工 32b	320	132	11.5	15.0	11.5	5.8	73.52	57.71	11626	726.7	426.1	12.58	483.8	73.3	2.57

续表

型号	尺寸（mm）						截面面积 A (cm^2)	每米重量 (kg/m)	截面特性						
									x-x 轴				y-y 轴		
	h	b	t_w	t	r	r_1			I_x (cm^4)	W_x (cm^3)	S_x (cm^3)	i_x (cm)	I_y (cm^4)	W_y (cm^3)	i_y (cm)
工 32c	320	134	13.5	15.0	11.5	5.8	79.92	62.74	12173	760.8	451.7	12.34	510.1	76.1	2.53
工 36a	360	136	10.0	15.8	12.0	6.0	76.44	60.00	15796	877.6	508.8	12.38	554.9	81.6	2.69
工 36b	360	138	12.0	15.8	12.0	6.0	83.64	65.66	16574	920.8	541.2	14.08	583.6	84.6	2.64
工 36c	360	140	14.0	15.8	12.0	6.0	90.84	71.31	17351	964.0	573.6	13.82	614.0	87.7	2.60
工 40a	400	142	10.5	16.5	12.5	6.3	86.07	67.56	21714	1085.7	631.2	15.88	659.9	92.9	2.77
工 40b	400	144	12.5	16.5	12.5	6.3	94.07	73.84	22781	1139.0	671.2	15.56	692.8	96.2	2.71
工 40c	400	146	14.5	16.5	12.5	6.3	102.07	80.12	23847	1192.4	711.2	15.29	727.5	99.7	2.67
工 45a	450	150	11.5	18.0	13.5	6.8	102.40	80.38	32241	1432.9	836.4	17.74	855.0	114.0	2.89
工 45b	450	152	13.5	18.0	13.5	6.8	111.40	87.45	33759	1500.4	887.1	17.41	895.4	117.8	2.84
工 45c	450	154	15.5	18.0	13.5	6.8	120.40	94.51	35278	1567.9	937.7	17.12	938.0	121.8	2.79
工 50a	500	158	12.0	20.0	14.0	7.0	119.25	93.61	46472	1858.9	1084.1	19.74	1121.5	142.0	3.07
工 50b	500	160	14.0	20.0	14.0	7.0	129.25	101.46	48556	1942.2	1146.6	19.38	1171.4	146.4	3.01
工 50c	500	162	16.0	20.0	14.0	7.0	139.25	109.31	50639	2025.6	1209.1	19.07	1223.9	151.1	2.96
工 56a	560	166	12.5	21.0	14.5	7.3	135.38	106.27	65576	2342.0	1368.8	22.01	1365.8	164.6	3.18
工 56b	560	168	14.5	21.0	14.5	7.3	146.58	115.06	68503	2446.5	1447.2	21.62	1423.8	169.5	3.12
工 56c	560	170	16.5	21.0	14.5	7.3	157.78	123.85	71430	2551.1	1525.6	21.28	1484.8	174.7	3.07
工 63a	630	176	13.0	22.0	15.0	7.5	154.59	121.36	94004	2984.3	1747.4	24.66	1702.4	193.5	3.32
工 63b	630	178	15.0	22.0	15.0	7.5	167.19	131.35	98171	3116.6	1846.6	24.23	1770.7	199.0	3.25
工 63c	630	180	17.0	22.0	15.0	7.5	179.79	141.14	102339	3248.9	1945.9	23.86	1842.4	204.7	3.20

注：普通工字钢的通常长度：工 10～工 18，为 5～19m；工 20～工 63，为 6～19cm

附录2　项目练习题参考答案

项目 1

一、判断题

1. √　2. ×　3. ×

二、填空题

1. 约束　相反　2. 等值　反向　共线　　3. 主动力

三、绘图题

略。

项目 2

一、判断题

1. ×　2. ×　3. ×　4. ×　5. ×　6. √　7. ×

二、填空题

1. 零　2. 力本身　3. 零　4. 零　力偶矩　5. 作用面　力偶转向　力偶矩大小
6. 合力F_R　7. 3

三、计算题

1. (a) $M_O(F)=-F\sin\alpha$；(b) $M_O(F)=-Fl_2$；(c) $M_O(F)=Fl$；

(d) $M_O(F)=-F\sin\alpha l_2-F\cos\alpha l_1$；(e) $M_O(F)=-Fl_2$；(f) $M_O(F)=\dfrac{Fl\sin\theta}{\cos\alpha}$

2. $F_{Ax}=0$；$F_{Ay}=F+ql$（↑）；$M_A=Fl+\dfrac{1}{2}ql^2$（逆转）

3. (a) $F_{Ax}=15\sqrt{3}$kN（→）；$F_{Ay}=15$kN（↑）；$M_A=30$kN·m（逆转）

(b) $F_{Ax}=0$；$F_{Ay}=8$kN（↑）；$F_B=8$kN（↑）

(c) $F_{Ax}=0$；$F_{Ay}=80$kN（↑）；$F_B=40$kN（↓）

4. (a) $F_{Ax}=30$kN（←）；$F_{Ay}=41.25$kN（↑）；$F_D=18.75$kN（↑）

(b) $F_{Ax}=10$kN（→）；$F_{Ay}=8$kN（↑）；$M_A=12$kN·m（顺转）

5. (a) $F_{Ax}=0$；$F_{Ay}=30$kN（↑）；$M_A=50$kN·m（逆转）

$F_D=30$kN（↑）；$F_{Cx}=0$；$F_{Cy}=10$kN

(b) $F_{Ax}=4$kN（←）；$F_{Ay}=1$kN（↓）；$F_{Ex}=6$kN（←）；$F_{Ay}=17$kN（↑）

$F_{Cx}=6$kN；$F_{Cy}=1$kN

项目 3

一、判断题

1. √　2. ×　3. ×　4. ×　5. ×　6. ×　7. ×　8. ×　9. √

二、填空题

1. 轴向拉伸与压缩　剪切　扭转　平面弯曲

2. 拉　压

3. 抗拉压刚度

4. $\sigma_{max}=\dfrac{F_N}{A}\leqslant[\sigma]$

三、计算题

1. (a) $F_{NAB}=-50kN$（压力）；$F_{NBC}=-20kN$（压力）；$F_{NCD}=40kN$（拉力）

(b) $F_{NAB}=-20kN$（压力）；$F_{NBC}=20kN$（拉力）；$F_{NCD}=80kN$（拉力）

2. (1) $\sigma_{CB}=-1MPa$（压应力）；$\sigma_{BA}=-0.75MPa$（压应力）

(2) $\Delta l_{CB}=-1mm$；$\Delta l_{BA}=-1mm$；$\Delta l_{总}=-2mm$

3. $\sigma_{AC}=149.3MPa$（拉应力）；$\sigma_{BA}=-2.6MPa$（压应力）

4. $\sigma_{max}=90.06MPa\leqslant[\sigma]=120MPa$，钢索强度不满足要求。

5. $b=50mm$

6. $F_{cr}=11365kN$

项目 4

一、判断题

1. √　2. ×　3. √　4. ×

二、填空题

1. 梁　2. 产生下凸变形　3. 纯弯曲　4. 线性　为零　最大

三、计算题

1. 1-1 截面：$F_{S1}=6kN$，$M_1=12kN\cdot m$；2-2 截面：$F_{S2}=-14kN$，$M_2=12kN\cdot m$；3-3 截面：$F_{S3}=-14kN$，$M_3=-16kN\cdot m$；4-4 截面：$F_{S4}=-14kN$，$M_4=14kN\cdot m$

2. $F_{SA}^{右}=-6kN$，$F_{SB}^{左}=-14kN$，$F_{SB}^{右}=20kN$，$F_{SC}^{左}=20kN$，$|F_{Smax}|=20kN$；$M_A=0$，$M_B=-40kN\cdot m$，$M_C=0$，$|M_{max}|=40kN\cdot m$

3. $\sigma_a=-5.33MPa$（压应力），$\sigma_b=0$，$\sigma_c=10MPa$（拉应力）；$|\sigma_{max}|=10MPa$

项目 6

一、名词解释

永久作用——在结构设计使用期间，其值不随时间而变化，或其变化与平均值相比可以忽略不计，或其变化是单调的并能趋于限值的作用。

作用标准值——结构或结构构件设计时，采用的各种作用的基本代表值，其值可根据作用在设计基准期（在进行结构可靠性分析时，考虑持久设计状况下各项基本变量与时间关系所采用的基准时间参数，公路桥涵结构一般为 100 年）内最大值概率分布的某一分位值确定。

极限状态——整体结构或结构的一部分超过某一特定状态就不能满足设计规定的某一功能要求时，此特定状态为该功能的极限状态。

承载能力极限状态——桥涵结构或其构件达到最大承载能力或出现不适于继续承载的变形或变位的状态。

正常使用极限状态——桥涵结构或其构件达到正常使用或耐久性的某项限值的状态。

混凝土的收缩——混凝土在空气中硬化体积缩小的现象。

混凝土的徐变——混凝土承受持续荷载时，随时间的延长而增加的变形。

混凝土的耐久性——在外部和内部不利因素的长期作用下，必须保持适合使用，而不需要进行维修加固，即保持其原有设计性能和使用功能的性质。

相对混凝土受压区高度——截面受压区高度与截面有效高度的比值。

配筋率——主拉钢筋的截面面积 A_s 与构件截面的有效面积 bh_0 的比值。

二、简单题

1. 如何确定公路桥涵结构的设计安全等级?

答：公路桥涵结构的设计安全等级，应根据结构破坏可能产生的后果的严重程度划分为三个设计等级，并不低于下表的规定。

公路桥涵结构的设计安全等级

设计安全等级	桥涵结构
一级	特大桥、重要大桥
二级	大桥、中桥、重要小桥
三级	小桥、涵洞

2. 混凝土的徐变和收缩对工程结构分别有何危害?

答：混凝土的徐变对混凝土及钢筋混凝土结构物的应力和应变状态有很大影响，在预应力结构中，徐变将产生应力松弛，引起预应力损失，造成不利影响。

混凝土的收缩对混凝土的构件会产生有害的影响，例如使构件产生裂缝，对预应力混凝土构件会引起预应力损失等。

3. 钢筋与混凝土共同工作的原因是什么?

答：一是混凝土硬化后与钢筋之间产生了良好的粘结力；其次，钢筋和混凝土的温度线膨胀系数几乎相同，在温度变化时，二者的变形基本相等，不致破坏钢筋混凝土结构的整体性；第三，钢筋被混凝土包裹着，从而使钢筋不会因大气的侵蚀而生锈变质，提高耐久性。

4. 简述单向板中钢筋构造。

答：单向板中通常设置主钢筋和分布钢筋：主钢筋是布置在板受拉区为的受力钢筋，除构造要求外还应按计算确定；分布筋是垂直于主钢筋方向上布置的构造钢筋，只需满足构造要求即可。

5. 简述钢筋混凝土梁的配筋，各有什么作用?

答：梁中的钢筋按其作用有主钢筋（受力钢筋）、弯起钢筋、箍筋、架立筋及梁侧的腰筋。

梁内主钢筋主要承受弯矩 M 产生的拉力和压力。

弯起钢筋跨中水平段承受正弯矩产生的拉力；斜弯段承受剪力；弯起后的水平段可承受压力，也可承受支座处负弯矩产生的拉力。

箍筋主要用来承担剪力和弯矩产生的主拉应力，在构造上能固定受力钢筋的位置和间距，并与其他钢筋形成钢筋骨架。

架立筋是为了将受力钢筋和箍筋连接成整体骨架，还可有效地抵抗因温度变化或混凝土收缩产生的应力，防止早期裂缝。

腰筋是为防止梁侧面中部产生竖向收缩裂缝。

6. 简述少筋梁、适筋梁及超筋梁的破坏特征及破坏性质。

答：适筋梁的破坏特征是：破坏开始时，受拉区的钢筋应力先达到屈服强度，之后钢筋应力进入屈服台阶，梁的挠度、裂缝随之增大，最终因受压区的混凝土达到其极限压应变被压碎而破坏。

超筋梁由于其纵向受力钢筋过多，在钢筋没有达到屈服前，压区混凝土已被压坏，表现为裂缝开展不宽，延伸不高，是没有明显预兆的混凝土受压脆性破坏的特征。

少筋梁当梁配筋较少时，受拉纵筋有可能在受压区混凝土开裂的瞬间就进入强化阶段甚至被拉断，其破坏与素混凝土梁类似，属于脆性破坏。

7. 简述梁斜截面破坏的三种破坏形态。

答：梁斜截面破坏随着剪跨比和配箍率的不同主要有三种破坏形态：剪压破坏、斜压破坏和斜拉破坏。

三、计算题

某整体式钢筋混凝土简支板重要小桥（处于Ⅰ类环境），板厚400mm，在荷载作用下的弯矩组合设计值$M_d=280kN\cdot m$，安全等级为二级，混凝土强度等级为C30，受力钢筋为HRB400级钢筋，试计算并配置纵向受力钢筋。

【解】 ① 确定计算参数

C30级混凝土：查表6-4得：$f_{cd}=13.8N/mm^2$，$f_{td}=1.39N/mm^2$

HRB400级钢筋：查表6-7得：$f_{sd}=330N/mm^2$

② 计算截面有效高度

$h_0=h-a=400-40=360mm$

③ 计算混凝土受压区高度

$$x=h_0-\sqrt{h_0^2-\frac{2\gamma_0 M_d}{f_{cd}b}}$$

$$=360-\sqrt{360^2-\frac{2\times1.0\times280\times10^6}{13.8\times1000}}$$

$$=61.6mm$$

④ 判断是否超筋

$x=61.6mm\leqslant x_b=\xi_b h_0=0.53\times360=190.8mm$

⑤ 计算受力钢筋面积

$$A_s=\frac{f_{cd}bx}{f_{sd}}=\frac{13.8\times1000\times61.6}{330}=2576mm^2$$

查表6-18可得：钢筋直径20mm，间距120mm，$A_{s实}=2618mm^2$

⑥ 验算最小配筋率

$$0.45\frac{f_{td}}{f_{sd}}=0.45\times\frac{1.39}{330}=0.19\%$$

$\rho_{min}=\max\left(0.2\%,\ 0.45\frac{f_{td}}{f_{sd}}\right)=0.2\%$

$\rho=\frac{A_s}{bh_0}=\frac{2618}{1000\times360}=0.72\%\geqslant\rho_{min}$

满足要求。

项目 7

一、判断题

1. × 2. × 3. √

二、填空题

1. 混凝土 钢筋 2. 外屈 3. 50

三、选择题

1. D 2. A 3. C 4. B 5. B 6. A 7. A

四、计算题

1. **【解】** $f_{cd}=14.3\text{N/mm}^2$，$f'_{sd}=360\text{N/mm}^2$，$\rho'_{min}=0.5\%$

(1) 求稳定系数 φ

长细比：$\frac{l_0}{b}=\frac{3850}{350}=11$，查表 7-1 得 $\varphi=0.965$

(2) 计算纵向钢筋截面面积 A'_s

由式（7-1）得

$$A'_s=\frac{\frac{\gamma_0 N_d}{0.9\varphi}-f_{cd}A}{f'_{sd}}=\frac{\frac{1.0\times1800\times10^3}{0.9\times0.965}-14.3\times350^2}{360}=891\text{mm}^2$$

(3) 配置纵向钢筋

查表得，纵向钢筋选用 4 ⌀ 18（$A'_s=1017\text{mm}^2$）。

(4) 验算配筋率

$\rho'=\frac{A'_s}{b\times h}=\frac{1017}{350\times350}=0.83\%>\rho'_{min}=0.5\%$，且 $\rho'<5\%$，满足要求。

(5) 由构造要求选取箍筋

$$\text{直径 } d\begin{cases}\geqslant\frac{d}{4}=\frac{20}{4}=5\text{mm}\\ \geqslant 8\text{mm}\end{cases}\qquad \text{取为⌀ 8}$$

$$\text{间距 } s\begin{cases}\leqslant 400\text{mm}\\ \leqslant b=400\text{mm}\\ \leqslant 15d=15\times20=300\text{mm}\end{cases}\qquad \text{取 } s=200\text{mm}$$

箍筋选用⌀ 8@200。

2. **【解】** $f'_y=360\text{N/mm}^2$，$f_c=19.1\text{N/mm}^2$，$\rho'_{min}=0.5\%$

(1) 求稳定系数 φ

长细比：$\frac{l_0}{b}=\frac{4500}{300}=15$，查表 7-1 得 $\varphi=0.895$

（2）验算配筋率

$\rho'_{min}=0.5\%<\rho'=\frac{A'_s}{A_s}=\frac{1017}{300\times300}=1.13\%<3\%$

（3）计算柱截面承载力

$N_u=0.9\varphi(f_{cd}A+f'_{sd}A'_s)$

$=0.9\times0.895\times(19.1\times300\times300+360\times1017)\times10^{-3}$

$=1680kN>N_d=980kN$

故此柱截面安全。

参考文献

［1］ 中华人民共和国教育部编. 中等职业学校专业教学标准（试行）土木水利类（第一辑）［M］. 北京：高等教育出版社，2015.

［2］ 中华人民共和国行业标准. 公路桥涵设计通用规范 JTG D 60—2004［S］. 北京：人民交通出版社，2004.

［3］ 中华人民共和国行业标准. 公路钢筋混凝土及预应力混凝土桥涵设计规范 JTG D 62—2004［S］. 北京：人民交通出版社，2004.

［4］ 叶见曙. 结构设计原理（第二版）［M］. 北京：人民交通出版社，2004.

［5］ 杨玉衡. 桥涵工程（第二版）［M］. 北京：中国建筑工业出版社，2013.

［6］ 刘寿梅. 建筑力学［M］. 北京：高等教育出版社，2009.

［7］ 刘召军，金舜卿. 建筑力学［M］. 南京：东南大学出版社，2014.

［8］ 石立安. 建筑力学［M］. 北京：北京大学出版社，2011.

［9］ 金舜卿，何莉霞，姬慧. 土木工程力学［M］. 北京：化学工业出版社，2010.

［10］ 李舒瑶. 工程力学［M］. 北京：中国水利水电出版社，2001.

［11］ 刘志宏，蒋晓燕. 建筑力学［M］. 北京：人民交通出版社，2010.

［12］ 王仁田，李怡. 土木工程力学基础［M］. 北京：高等教育出版社，2010.

［13］ 徐猛勇，叶晟. 建筑力学［M］. 北京：中国建材工业出版社，2012.

［14］ 王胜明. 应用建筑力学（第二版）［M］. 昆明：云南大学出版社，2005.

［15］ 王秋生. 建筑力学（第一版）［M］. 大连：大连理工大学出版社，2014.

［16］ 李辉. 市政工程力学与结构（第二版）［M］. 北京：中国建筑工业出版社，2013.

［17］ 吴承霞. 混凝土与砌体结构［M］. 北京：中国建筑工业出版社，2011.

［18］ 张树仁. 钢筋混凝土及预应力混凝土桥梁结构设计原理［M］. 北京：人民交通出版社，2005.